Dr. Christoph Röckelein
PEDAKTIK®

sine
causa

Berlin 2009

Hinweise des Verlags

Pedaktik® ist eine geschützte Wortmarke. In dieser Schreibweise steht das Wort an exponierten Stellen, beispielsweise in Überschriften. Zur Erleichterung des Lesens wird in fließendem Text die vereinfachte Schreibweise Pedaktik verwendet.
Alle Rechte vorbehalten, insbesondere das Recht der fotomechanischen, elektronischen oder fotografischen Vervielfältigung und Verbreitung, der Einspeicherung und Verarbeitung in elektronischen Systemen und des Nachdrucks in Zeitschriften. Zitieren kurzer Textstellen erwünscht, Abdruck längerer Passagen nur mit Genehmigung des Autors.

Bibliografische Information der Deutschen Bibliothek
Die Deutsche Bibliothek verzeichnet diese Publikation in der Deutschen Nationalbibliografie; detaillierte bibliografische Daten sind im Internet abrufbar über: http://dnb.ddb.de

Christoph Röckelein
Pedaktik®. Zur Didaktik der Persönlichkeitsbildung als Innovation im Coaching
2. Auflage, mit einem Vorwort von Prof. Dr. Dr. Bernd Feininger
ISBN: 978-3-941033-01-6
sine causa Verlag
Herbert Neidhöfer
www.sine-causa.com
sine-causa@arcor.de
© Christoph Röckelein, Freiburg 2009
Lektorat: Norbert Gehlen
Druck: Schaltungsdienst Lange oHG, Berlin
Printed in Germany

Dr. Christoph Röckelein

PEDAKTIK®

**Zur Didaktik der Persönlichkeitsbildung
als Innovation im Coaching**

mit einem Vorwort von
Prof. Dr. Dr. Bernd Feininger

Berlin 2009

INHALT

Vorwort von Prof. Dr. Dr. Bernd Feininger 7
Einleitung 17

Teil I: Pedaktik® – die Theorie

1. Die didaktische Intention 29
   Die vier Grundbefähigungen der Persönlichkeit 30
      Die dialogische Grundbefähigung 31
      Die geschichtliche Grundbefähigung 32
      Die symbolische Grundbefähigung 33
      Die dialektische Grundbefähigung 35
2. Die didaktische Haltung 38
3. Die vier didaktischen Prinzipien 45
   Elementarisieren! 46
   Konstruktivistisch denken! 50
   Mentale Modelle hinterfragen! 53
   Kontextualisieren! 55

Teil II: Pedaktik® – die Praxis

4. Der didaktische Bezugsrahmen 61
5. Angewandte Pedaktik®: Coaching als Instrument der Persönlichkeitsbildung für das Management der Zukunft 67
   Coaching –
      ein Weg zu veränderter Einsicht und neuem Verhalten 69
   Die historische Entwicklung von Coaching 73
   Pedaktik® als didaktische Basistheorie für Coaching 75
   Formen des Coachings zur Führungskräfteentwicklung 76
   Typische Coaching-Anlässe 77
   Ein typischer Coaching-Ablauf 81
   Erfolg versprechende Rahmenbedingungen für Coaching 83
6. Die praktische Umsetzung der Pedaktik® im Coaching 87
   Die didaktische Intention beim Coaching 89
   Die didaktische Haltung beim Coaching 123
   Die vier didaktischen Prinzipien beim Coaching 135

Schlusswort 179
Danksagung 181
Literaturempfehlungen 183
Über den Autor 185

VORWORT ZUR 2. AUFLAGE

Die Pädagogische Hochschule Freiburg arbeitet seit nunmehr 10 Jahren mit der Albert-Ludwigs-Universität Freiburg in der Akademie für wissenschaftliche Weiterbildung e.V. zusammen. Es geht uns um eine wissenschaftlich fundierte Weiterbildung, die aktuelle philosophisch(-theologische), psychologische und natürlich pädagogische Grundlagen von Bildungsprozessen im Sinne von „Humanwissenschaften" ernst nimmt, und darauf aufbauend Qualifizierung im Bereich persönlicher und beruflicher Entwicklung für Hochschulabsolventen und Verantwortliche in Führung und Management anzielt.

Mit dem Kontaktstudium „Coaching und Beratung" und dessen inhaltlichem Schwerpunkt der „Persönlichkeitsbildung" hat Dr. Christoph Röckelein neue Ideen und Impulse einer ganzheitlichen Pädagogik realisiert, die er mit seinem Entwurf der „Pedaktik" vorgestellt hat. Es freut mich daher besonders, dass Vorwort seiner zweiten Buchauflage zu schreiben.

Coaching und Beratung wollen wir von Seiten der Hochschulen in Richtung eines *sozialeren* Managements realisieren, das die Aufgaben des Managements auf dem Hintergrund und im Zusammenhang von Bildung, Werthaftigkeit und Persönlichkeitsentwicklung sieht. Der Ansatz der „Pedaktik" von Herrn Röckelein wirkt einem Auseinandertriften von Management und Menschlichkeit entgegen, einer Tendenz, die vordergründig eine Effizienzsteigerung bewirken kann, aber auf Kosten einer Ausklammerung der Person, der psychosozialen Werte und der *emotionalen Intelligenz* geht. Das geschieht immer dort, wo die Agierenden zu schnell nur als Instrument gesehen werden, und wo nur kurzatmig geführt wird, nicht allein zum Nachteil der Mitarbeiter, sondern ebenso zur Erschöpfung der Führungskräfte, die dann genau so atemlos und *„ausgebrannt zurückbleiben"*[1]. Bei dem Giessener Philosophen Odo Marquand findet sich die These: „Menschlichkeit ohne Modernität ist lahm; Modernität ohne Menschlichkeit ist kalt; Modernität braucht Menschlichkeit, denn Zukunft braucht Herkunft" (O. Marquand, Philosophie des Stattdessen, Stgt. 2000, S. 78).

Wenn Herr Röckelein mit seinem Konzept der „Pedaktik" von der *Persönlichkeit*[2] ausgeht, und die Persönlichkeit konstruktiv, selbstreflexiv und als Beziehungsgeschehen bewusst machen und stärken will, dann kann er dies in seiner Arbeit als „Coach" mit folgendem Satz zusammenfassen: „Es ist die *Persönlichkeit,* die das Leben meistert, nicht ihr Wissen". Damit steht er in einem Zentralfeld der Erziehungswissenschaft: „Der Mensch wird am Du zum Ich".

Und darauf will ich mich im Folgenden in diesem Vorwort konzentrieren.

Ich zitiere einen der großen jüdischen Erzieher und Philosophen der Dialogik, Martin Buber:[3] „Erziehung, die diesen Namen verdient, ist wesentlich Charaktererziehung", formulierte Buber in einer Rede aus dem Jahr 1939. „Denn der echte Erzieher hat nicht bloß einzelne Funktionen im Auge, wie der, der ihm lediglich bestimmte Kenntnisse oder Fertigkeiten beizu-

---

1 Bergner, Th.: Burnout-Prävention (2007, Schattauer-Vlg.); Berndt, Frank: Das Burnout-Syndrom verstehen und überwinden. In: Handbuch Sozialmanagement 2006 (Raabe/Klett).; Burisch. M.: Das Burnout-Syndrom. Theorie der inneren Erschöpfung. 3-2006 (Springer-Vlg.); Fengler, J.: Helfen macht müde. Zur Analyse u. Bewältigung von Burnout und beruflicher Deformation (6-2001, Pfeiffer-Vlg.); Hillert, A. / Marwitz, M.: Die Burnout-Epidemie oder: Brennt die Leistungsgesellschaft aus? (2006, Beck-Vlg.).
2 Zum Begriff „Person" vgl. Historisches Wörterbuch der Philosophie (HWP) Bd. 7, 269-338; Spaemann, R.: Personen, Stuttgart 1996; Sturma, D.: Philosophie der Person, Paderborn 1997.
3 Bohnsack, F.: Martin Bubers personale Pädagogik. Bad Heilbrunn 2008 (Klinkhardt-Vlg.); Krone, W.: „Wenn aber alle Gestalten zerbrachen ... was ist da noch zu bilden?" Zur Aktualität der Pädagogik M. Bubers. In: Beiträge päd. Arbeit (47) 1/2004, S. 23-33. Vgl. im gleichen Heft: Werner, H.-J.: „Ich-Du" und „Ich-Es": Zur Anthropologie M. Bubers, S. 1-22.

bringen beabsichtigt, sondern es ist ihm jedes Mal um den ganzen Menschen zu tun, und zwar um den ganzen Menschen sowohl seiner gegenwärtigen Tatsächlichkeit nach, in der er vor dir lebt, als auch seiner Möglichkeit nach, als was aus ihm werden kann" (Reden über Erziehung, H'berg ⁷1986, S. 65).

Wenn Menschen aus ihrer Personalität heraus handeln, echt und authentisch, dann werden sie situationsgemäß handeln, auf jede Herausforderung in eigener, verantwortungsbewusster Weise. Nicht aufgrund eines fest eingerichteten Regelwerkes oder weil sie auf bestimmte Aufgaben und Problemlösungen trainiert oder „gedrillt" sind („eingeengt" eben!), sondern weil sie die Freiheit und die Möglichkeit sich erworben haben, „offen" zu handeln. Einfach und modern gesagt: weil sie „flexibel" sind. Aber nicht im Sinne flexibler, beliebiger Verfügbarkeit, sondern aus eigener Einschätzung heraus und der Gegenwart und Zukunft in Verantwortung zugewandt! Hier schlage ich gerne die Brücke zur „Pedaktik" und dem, was wir heute als *„emotionale Intelligenz"* Wert schätzen (Selbstbewusstsein und Selbstmotivation sowie Selbststeuerung *verbunden mit* Sozial-Kompetenz und Empathie).[4]

Hier ist die aktuelle, die *akute* (lateinisch: „zugespitzte" von „acutus": „spitz", „scharf"), die gegenwärtige Situation und Aufgabe gemeint, die mich anruft, und nun es geht darum, mit einem authentischen „Hier bin Ich", sich diesem Anruf, dieser Herausforderung gegenüber zu verhalten und nachhaltig, gründlich (dies drückt die Vorsilbe „ver-„ im Deutschen aus), zu „antworten", also ver-antwortlich zu handeln.

---

[4] Goleman, D.: Die heilende Kraft der Gefühle. Gespräche mit dem Dalai Lama über Achtsamkeit, Emotion u. Gesundheit (München 1998, dtv) und Derselbe: Dialog mit dem Dalai Lama: Wie wir destruktive Emotionen überwinden können (München 2005, dtv). Schulze, R. / Freund, P.A. / Roberts, R.D.: Emotionale Intelligenz. Ein internationales Handbuch. Göttingen 2006 (Hogrefe-Vlg.).

Buber dazu: „Das Ziel der Erziehung ist ein gegen-wartendes, ver-antwortendes Leben (in der Philosophie Bubers heißt es „dialogisches Leben"): „Der Begriff der Verantwortung ist aus dem Gebiet der Sonderethik, eines frei in der Luft schwebenden »Sollens«, in das des gelebten Lebens zurückzuholen. Echte Verantwortung gibt es nur, wo es wirkliches Antworten gibt. Antworten worauf? Auf das, was einem widerfährt, was man zu sehen, zu hören, zu spüren bekommt. Jede konkrete Stunde mit ihrem Welt- und Schicksalsgehalt, die der Person zugeteilt wird, ist dem Aufmerkenden Sprache" (Das dialogische Prinzip, H'berg ^{4}1979, S. 161/62).

So wird die herausfordernde Aufgabe als echte Erfahrung, die mich packt und motiviert, zur GegenWART! Sie „wartet" auf mich, „Mir gegenüber" nicht einfach nur „Gegenstand", Sachaufgabe, Material oder „Menschenmaterial" oder Intelligenzmaterial, über das ich als Ressource verfüge, oder als Arbeits- „Kraft", anonymisiert, Nummernmäßig und qualitativ und quantitativ normiert.

M. Buber spricht hier von einer Erziehung zur „Aufmerksamkeit", modern: von der „Präsenz", auch die der persönlichen Wirkung, auf andere: Als Aufmerkender wird der Mensch in seinem Alltag des Anspruchs der konkreten Situation inne; er ist aufgefordert, auf sie und in sie einzugehen und als Verantwortender versucht er, dem Anspruch der Situation in seinem Tun oder Lassen gerecht zu werden, auch wenn der Versuch sich oft wie ein „Stammeln" ausnimmt. Dieses Verantworten der Situation eröffnet nicht nur dem Anderen, dem „Gegenüber", Lebensmöglichkeiten, es/er/sie bereichert auch den Antwortenden, er/sie selbst wird in dieser Begegnung Mensch. Die Situation wird „in die Substanz des gelebten Lebens" einbewältigt. „So erst, dem Augenblick treu, erfahren wir ein Leben, das etwas anderes als eine Summe von Augenblicken ist"

(Das dialogische Prinzip S. 163). Indem ich mich voll und ganz der Herausforderung des/der einzelnen stelle, geht mir der Sinn des Ganzen auf.

M. Buber sieht die Personalität immer im Zusammenhang der Situation, in die Menschen eingebettet sind und in ihrem Beziehungsgefüge, vor allem zwischen „Ich" und „Du". Wenn der Andere in seinem Personsein auf uns zu-kommt, können wir uns an dieses pädagogische Diktum erinnern, das Personalität mit der Wahrheitsfrage verknüpft, und das sich in dem Satz zusammenfassen lässt: „Wahrheit, die uns an-geht, kommt auf zwei Beinen" (d.h. kommt als Mensch auf uns zu, nicht als System oder Dogma).

Wahrheit, auch im Sinne passender Problemlösung, hängt immer mit Menschen zusammen und hat Konsequenzen für (die Zukunft der) Menschen, wenn sie performativ realisiert wird: Hierin steht also Herr Röckelein mit seinem Konzept der „Pedaktik" in einer langen Tradition personaler Pädagogik, die vielleicht mit der „Hebammenkunst" eines Sokrates beginnt und über die dialogische Pädagogik Bubers zu Röckelein wietergeht[i]. Aber Röckeleins Ansatz versucht darüber hinaus, diese größere zusammenfassende Situation, in der nach Buber der Mensch in der Relation eines sich vorfindlichen und doch gegenüberstehenden Wesens ein Hörender und Antwortender also ein Zugewandter ist, der gleichzeitig höchst präsent ist, diese umfassende Situation mit der Befindlichkeit moderner Führungskräfte, Pädagogen und Psychologen, Berater und Coachs u.a. zusammen zu bringen, und damit aus dieser Bildungstheorie ein vernünftiges Ausbildungskonzept zu machen, eine Provokation, die sich vom kurzschlüssigen Training absetzt, und die hoffentlich am Ende hilfreich sein wird als herausfordernde Perspektive für neue Bündnisse in Theorie und Praxis. Dabei werden zeitgemäße didaktische Basis-Kategorien, wie etwa die *konstruktivistischen Perspektivenebenen* der Persönlichkeitsdidaktik, sowie Persönlichkeits- und Bildungstheorien oder auch der Kompetenz-Begriff (= eine komplexe Handlungs-Disposition zur Lösung bestimmter Aufgaben) mit dem didaktischen Bezugsrahmen und der Führungsbildung durch Coaching verknüpft.

Eigentlich geht es darum, sich zu einer weltoffenen Persönlichkeit herauszubilden, die die Potentialität der Mitarbeiter und Situation wach einschätzt, positiv nutzt und bereit ist, mit ihnen in einer Vertrauen stiftenden Verbindlichkeit mit zu gehen. Das erfordert aber die Ausbildung der eigenen Persönlichkeit! Mut sich selbst zu erkennen.[5]

Was wir als Hochschulen durch Dr. Röckelein und seinem Ansatz der „Pedaktik" in diesem Kontaktstudium „Coaching und Beratung" erreichen können: Sie aufmerksam zu machen und zu-zurüsten, in folgenden Dimensionen sich bewusster als vorher zu bewegen, Dimensionen, die allesamt mit der Bedeutung des „Öffnens" zu tun haben:

- Sich gegenüber Situationen, Aufgaben, und Menschen zu öffnen, zu hören, gegenwärtig zu reagieren. Eine Aufgabe als Eröffnung zu begreifen, die in sich bereits einen Lösungsweg enthält, die sich aber auch unserer Machbarkeit entziehen können. Auch dies gilt es dann zu akzeptieren und zu revidieren.
- In dieser Haltung der Offenheit erfahren, dass mein eigenes DU in dieser Situation und an meinen Mitarbeitern wirkt aber sie auch an mir! In dieser Haltung die Gegenseitigkeit der Veränderung wertschätzen lernen!
- Offenheit für die Ansprachen der Situation, für das Andere und die Anderen, sich immer neu auch auf scheinbar be-

---

5 Horn, C.: Antike Lebenskunst – Glück und Moral von Sokrates bis zu den Neuplatonikern. München 1998.

kannte, eingefahrene, routinierte Situationen einlassen können. Um Veränderungspotential zu wecken, auch um den „Anfänger" in sich zu erhalten, den noch unverstellten Anfangs-Blick, der noch nicht „betriebsblind" geworden ist.
- Ausbildung zur Haltung der Offenheit heißt, dass wir uns zu den drei Ebenen unseres „In der Welt Seins" verhalten können und unsere Entscheidungen auf diesen drei Ebenen relevant sind: Natur, Gesellschaft, Person:
    (a) *Durch unser natürliches Potential* sind wir „*Werk der Natur*" und auch wenn wir sie verändern, bleiben wir doch ihre Kinder und müssen wir uns dessen bewusst werden, dass das „Nicht vom Menschen Gemachte" den Hinter- und Untergrund für alle Technik bietet.
    (b) *Durch Sozialisation* werden wir fortlaufend durch die uns umgebende Gesellschaft formiert, d.h., wir sind zugleich „*Werk der Gesellschaft*" und alle unseren Aktivitäten stehen in Wechselwirkung mit ihr- und bauen im „Ich-Du-Wir- Gefüge" unsere Persönlichkeit auf.
    (c) Wir können und sollen mündige, emanzipierte Persönlichkeiten werden, also durch *Person-Werdung* auch ein „*Werk unserer Selbst*" (nach Pestalozzi).

Wenn wir uns dieser drei Ebenen bewusst bleiben, denken wir vernünftig und integrativ, beziehen sich unsere Handlungen und unsere Ethik auf das Ganze, in das wir bleibend eingebettet sind. Damit können wir die kurzsichtige Ich-Befangenheit preisgeben und stattdessen uns gegenüber *langfristig lebensdienlichen Leitbildern öffnen*: Uns und allen zu Liebe: der Mit-Menschlichkeit zu Liebe: Die richtige „Win-Win-Situation" für uns alle![6]

---

6 „Im Sinne einer Win-Win-Lösung ist unter emotionaler Intelligenz das Maß der Fähigkeit(en) zu verstehen, mit eigenen und fremden Gefühlsinhalten zum jeweils selbst definierten Nutzen und Wohle aller Beteiligten umzugehen" (Wikipedia zum Stichwort „Emotionale Intelligenz", Page 4).

M. Buber hat auf die Frage „Was ist zu tun?" einmal folgendermaßen geantwortet: Bleibt die Frage: „Was ist zu tun?" und mit Buber können wir antworten: „Wer diese Frage stellt und damit meint:»Was hat man zu tun?« – für den gibt es keine Antwort.»Man« hat nicht zu tun, Man kann sich nicht helfen, mit Man ist nichts mehr anzufangen, mit Man geht es zu Ende. Wer sich damit genug tut, zu erklären oder zu erörtern oder zu fragen, was Man zu tun habe, redet, lebt ins Leere, Wer aber die Frage stellt und meint:»*Was habe ich zu tun?*« – den nehmen Gefährten bei der Hand, die er nicht kannte, und die ihm alsbald vertraut werden, und antworten.»*Du sollst dich nicht vorenthalten.*« d.h. es ist Dir aufgegeben, Dich zu engagieren, dein „Ich" ins Spiel zu bringen, aber eben das Gebildete, das reflektierte „Ich", dass um seine Herkunft und um die Tragweite seiner Entscheidungen weiß!

Zur Ergänzung des Vorworts noch ein kleiner Studientext aus einem Pädagogik-Lexikon: Er verdeutlicht, dass sich eine mehr personal ausgerichtete Pädagogik heute neu entwickelt, nachdem sie von empirisch-psychologischer und -soziologischer Seite eher zurückgedrängt worden war. Röckelein nimmt diese Entwicklung auf und führt sie in seiner „Pedaktik" weiter.

**Personalität und Person
im Rahmen einer pädagogischen Anthropologie**

Die Frage nach der Personalität stellt sich als Aufgabe wissenschaftlicher Pädagogik, in der der Person- Begriff nahezu vergessen war. Ältere Arbeiten zur Pädagogik haben philosophisch auf die Personalität des Menschen reflektiert, aber kaum päd.-psychologisch. Auch gegenwärtig spielt in der päd. Anthropologie der Person-Begriff keine zentrale Rolle und hat keinen systematischen Stellenwert. Der Person-Begriff, der wegen der Mannigfaltigkeit der Bedeutungen als verwirrend erscheint, wird vielmehr „mit-gedacht mit verwandten Leitbegriffen", wie menschl. Dasein, Existenz, Ich, Subjekt, Subjektivität, Mensch, wobei die Bestimmungsmomente personalen Daseins genannt werden (aber der Person-Begriff nicht eigens auftaucht!). Ein weiterer Grund für den Ausfall des Begriffes liegt im Übergang der Pädagogik zur Erziehungswissenschaft mit ihrer stark empirischen Ausprägung, die – wenn sie einseitig absolut gesetzt wird- zur Folge hat, dass „das Subjekt der Erziehung, die Person, entweder aus dem Blickfeld verschwindet oder doch zum Objekt des päd. Prozesses instrumentalisiert wird" (Schneider 1995, 30).

In jüngerer Zeit ist es die Pädagogik des Personalismus, die dem Person-Begriff wieder eine zentrale Bedeutung zukommen lässt; sie sei darum in ihren Grundzügen dargestellt (d'Arcais 1991, Schneider 1995). Guiseppe Flores d'Arcais als Vertreter einer Pädagogik der „Theorien der Person" u. einer personalistischen Theorie der Erziehung sieht den „Primat der Person gegenüber Positionen des Unterpersonalen" (d'Arcais 1991, 19). Die Person ist *der Grund nicht das Ergebnis* ihres Erkennens u. Handelns. D'Arcais nennt vier Kategorien als wesentliche Aspekte der Personalität des Menschen: Innerlichkeit, Gesellschaftlichkeit, Theorie u. Praxis. Nicht in der qualitativen u. quantitativen Steigerung des Wissens liegt für ihn die Aufgabe von Erziehung u. Bildung, sondern „zum Höchstmaß seines eigenen Seins" (d'Arcais 991, 68) zu kommen. Die Bestimmung des personalen Verfasstseins menschlichen Seins besteht in der „möglichst umfassenden u. möglichst vollständigen Verwirklichung der Person. In dieser Selbstverwirklichung der Person liegt der konkrete Wert der Erziehung" (d'Arcais 1991, 117). Die Person ist »Subjekt der Erziehung« (d'Arcais 1991, 82), bleibt aber auch Geheimnis, an der Bildung u. Erziehung ihre Grenze finden. Wolfgang Schneider (Schneider, 1995) hat Bernhard Weltes Dimensionen u. Grundvollzüge personalen Daseins in ihrer Bedeutung für die Grundlegung der Pädagogik herausgearbeitet. Er gelangt damit zu einer ähnlichen Sichtweise wie d'Arcais: Die Verwirklichung der Person ist Ziel von Bildung u. Erziehung, die „nicht nur im Vollzug personalen Daseins „grundgelegt" sind, sondern *selbst als dessen Form verstanden werden können*, da die Person sich als Bildungs- u. Erziehungsgeschehen selbst vollzieht" (Schneider 1995, 315); (d.h. Bildung und Erziehung sind eine Form personalen Geschehens, lassen sich überhaupt nicht von Personalität trennen. (Aus: Mette, N. / Rickers, F. (Hrg.): Lexikon der Religionspädagogik Bd. 2, Neukirchen 2001. Spalte 1484ff).

Die „Pedaktik" als eine didaktische Basistheorie der Persönlichkeitsbildung und das professionelle Selbstverständnis von Herrn Röckelein als Coach und Berater in seiner eigenen Firma machen es deutlich: Die Person ist *der Grund nicht das Ergebnis* von Persönlichkeitsbildung, denn in der Selbstverwirklichung der Person liegt der konkrete Wert der Erziehung und Bildung. Die Person als Subjekt der Erziehung bleibt aber Geheimnis, an der Erziehung (sowie Coaching und Beratung) ihre Grenze finden.

* D'Arcais, Guiseppe Flores: Die Erziehung der Person. Stuttgart 1991
* Ortner, Reinhold: Personalisation und die Bestimmung des Menschen. Ein anthropologischer Denkansatz zur Entwicklung einer pädagogischen Konzeption: Bamberg 1990
* Schneider, Wolfgang: Personalität und Pädagogik. Der philosophische Beitrag Bernhard Weltes zur Grundlegung der Pädagogik. Weinheim 1995

Prof. Dr. Dr. Bernd Feininger, Freiburg im Mai 2009

EINLEITUNG

Den Ansatz der Pedaktik® als Didaktik der Persönlichkeitsbildung habe ich in den Jahren 1999 bis 2007 auf der Grundlage meiner Arbeit als Coach und Berater in unzähligen Beratungen, Supervisionen und Coachings erarbeitet, weiterentwickelt und reflektiert. Mit dem vorliegenden Buch wird er zum ersten Mal systematisiert und veröffentlicht. Da ich als Berater und Coach arbeite, stammen meine Erfahrungen und Ideen vor allem aus diesem Tätigkeitsfeld. Sie sind aber sicherlich auch auf viele andere Bereiche zu übertragen, in denen Menschen mit anderen Menschen an ihrer Entwicklung und Reifung arbeiten. Bisher liegt weder für den Bereich Coaching und Beratung noch für andere Bereiche der Persönlichkeitsbildung ein vergleichbares didaktisches Konzept in einer solchen perspektivischen Betrachtung vor.

Da diese Ausführungen vor allem auf meinen Erfahrungen mit Coaching beruhen, verwende ich für die an diesem Prozess Beteiligten die Begriffe Coach und Coachee. Sie sollen als Synonyme für die Partner in allen ähnlichen Beziehungen stehen, die die menschliche Entwicklung und Reifung zum Gegenstand haben: Lehrer-Schüler, Berater-Kunde, Therapeut-Klient, Eltern-Kind, Führungskraft-Mitarbeiter ...

Wie das Konzept der Pedaktik® entstand

Den ersten Impuls dazu, mein praktisches Vorgehen in Coaching und Beratung transparent zu machen und theoretisch aufzuarbeiten, gaben einige meiner Kollegen. Nachdem ihnen die positiven Reaktionen meiner Coachees aufgefallen waren, baten sie mich, ihnen meinen Ansatz zu erklären. So stellte ich mir erstmals bewusst und grundsätzlich die Frage: Was mache ich da eigentlich genau in meinen Coaching-Sitzungen und persönlichen Beratungen?

Da die Arbeit in Coaching und Beratung mit Managern der vertraglichen Schweigepflicht unterliegt, ist es mir nicht möglich, praktische Beispiele direkt wiederzugeben. Coaching ist ein sehr sensibles Geschehen: Im Setting von Person zu Person, von Coachee zu Coach sind Zuhörer in den meisten Fällen unerwünscht. Daher beschrieb ich den fragenden Kollegen zunächst die *Methoden*, die ich einsetze. Doch allein diese machen den Unterschied nicht aus, denn sie sind gängig und allen Coachs und Beratern hinlänglich bekannt und verfügbar. Im Klärungsprozess wurde deutlich, dass meine Kollegen wissen wollten, ...

- wann ich
- welche Methode
- bei welchem Anlass
- zu welchem Zeitpunkt des Gesprächsprozesses
- mit welchem Ziel und
- bei wem einsetzte.

Sie wollten also nicht wissen, *was* ich mache, sondern *wie* ich arbeite und *warum*. Mir als Erziehungswissenschaftler war schnell klar: Gefragt war eine theoretische Begründung für mein Vorgehen, also eine *didaktische Theorie*!

Dies war die Geburtsstunde der Pedaktik®: Über die Analyse meines methodischen Vorgehens bin ich zu einer didaktischen Basistheorie der Persönlichkeitsbildung gelangt, die die Grundlage eines meiner größten Arbeitsfelder der letzten Jahre bildete und die ich weiterentwickle und weitergeben möchte.

Der Markenname „Pedaktik" entstand als Kombination aus den Begriffen P̲e̲rsönlichkeitsbildung und Di̲d̲a̲k̲t̲i̲k̲. Unter Pedaktik verstehe ich also eine didaktische Basistheorie der Persönlichkeitsbildung oder kurz: eine *Persönlichkeitsdidaktik – aus der Praxis und für die Praxis entwickelt.*

Der didaktische Zirkel

„In ihrer professionellen pädagogischen Rolle und Funktion dürfen Sie mit den Schülern und Klienten alles machen, was sie wollen; sie müssen es nur gegenüber Dritten entsprechend ihrer Profession *begründen* können."

Mit diesen Worten wurde ich bereits in der achtziger Jahren immer wieder konfrontiert. Während meiner Vorbereitung auf die Zweite Dienstprüfung für Religionspädagogen in Schule und kirchlicher Beratungs- und Bildungsarbeit (vergleichbar mit dem Zweiten Staatsexamen für Lehrer) haben diese Worte sich mir tief eingeprägt. Dr. Paul Rittgen (dem ich an dieser Stelle dafür danken möchte), machte mich damit auf das wichtigste didaktische Prinzip überhaupt aufmerksam: *Die Theorie prägt die Praxis*. Denn nur auf der Grundlage einer Theorie kann man Praxis planen, ausrichten und reflektieren.

Dieser praktische Prozess wirkt allerdings wiederum auf die Theoriebildung zurück, verändert sie, entwickelt sie weiter und differenziert sie – entsprechend den Praxiserfahrungen. Daher spreche ich lieber von einer didaktischen *Basistheorie* als von einem didaktischen Modell. Die Basistheorie ist *aus* der Praxis und *für* die Praxis entwickelt worden. Didaktik sollte immer beides beachten und prägen: Theorie und Praxis. Deshalb bezeichne ich den Prozess der gegenseitigen Einflussnahme auch als *didaktischen Zirkel*.

Die vorliegende Pedaktik unterliegt ebenfalls diesem didaktischen Zirkel und wird mit jeder reflektierten Anwendung durch die Praxis beeinflusst; umgekehrt wird diese Theorie dann die Praxis wieder beeinflussen – ein didaktischer Zirkel, der dazu animiert, unser pädagogisches und beraterisches Selbstverständnis ständig zu professionalisieren. So werden diesem einführenden Buch weitere Veröffentlichungen folgen, die sich einerseits als Weiterentwicklung verstehen und andererseits auch eine wissenschaftstheoretische Ortung liefern. Der didaktische Zirkel dient also sowohl der Professionalität in der *Praxis* als auch der (angewandten) *Wissenschaft*.

Wie es zu diesem Buch kam

In den Jahren 2005 bis 2007 „testete" ich die Pedaktik auf ihre Logik im Aufbau und auf Plausibilität bezüglich der Erfahrungs- und Erlebnisebene, indem ich zwei Ausbildungsgänge in Coaching und Beratung nach diesem Prinzip konzipierte und realisierte. Von Seiten der Pädagogischen Hochschule Freiburg (Professor Dr. Xaver Fiedele und Professor Dr. Bernd Feininger) wurde ich dazu animiert, meine Erfahrungen zu verschriftlichen und sie Interessierten zur Verfügung zu stellen. Auf der Grundlage dieser praktischen Erfahrungen wurde das „Kontaktstudium Coaching und Beratung" entwickelt. Es ist eine hochschulspezifische Weiterbildungsform der Pädagogischen Hochschule und der Universität Freiburg und bietet berufstätigen Hochschulabsolventen und anderen durch Berufserfahrung geeigneten Interessenten die Möglichkeit an, sich eine wissenschaftlich fundierte Weiterbildung an der „Akademie für wissenschaftliche Weiterbildung e. V." anzueignen. Die Akademie wurde von Vertretern der PH und der Universität Freiburg gegründet, ist aber eine eigenständige Einrichtung. Namentlich die Professoren

Dr. Karin Schleider, Pädagogische Hochschule Freiburg,
Dr. Bernd Feininger, Pädagogische Hochschule Freiburg, und
Dr. Norbert Groddeck, Universität Siegen,

unterstützen die Durchführung dieses Kontaktstudiums im Wintersemester 2008/2009.

Das vorliegende Buch soll als Basislektüre für das „Kontaktstudium Coaching und Beratung" dienen. Damit möchte ich die Pedaktik als Basistheorie, das heißt als didaktisches Konzept für die Persönlichkeitsbildung vorstellen. Sie ist nicht nur für Coachs und Berater im Management relevant, sondern für alle, die mit Menschen arbeiten: Personalentwickler, Führungskräfte, Pädagogen, Therapeuten, Psychologen, Berater, Coachs und sogar Eltern. Mit anderen Worten: Es geht mir nicht etwa nur um einen bestimmten Ansatz im *Coaching*, sondern eher um eine *Haltung*, die in *jeder* pädagogischen oder Beratungs-Situation anwendbar ist, in der Persönlichkeitsbildung eines der angestrebten Ziele darstellt. Durch die Pedaktik wird die Beziehungsarbeit im Coaching als wichtiges Merkmal von Persönlichkeitsbildung begründet und legitimiert. Coaching nur als fachliches „Business-Coaching" oder persönliche Fachberatung zu verstehen, das wird diesem Instrument nicht gerecht. (Näheres dazu weiter unten) Coaching benötigt die Beziehung, um eine nachhaltige Wirkung zu erzielen und nicht nur den schnellen Effekt. Es ist die *Persönlichkeit*, die das Leben meistert, nicht ihr Wissen.

Wozu eine Didaktik der Persönlichkeitsbildung?

Was für Führungskräfte und Manager gilt, das gilt auch für den Bildungsbereich: Dieser benötigt neben der Diskussion um das richtige (zu vermittelnde) Wissen mehr denn je eine solche didaktische Basistheorie der Persönlichkeitsbildung.

Gemäß dem wissenschaftlichen Weltbild versucht unsere Gesellschaft die Bewältigung gegenwärtiger Probleme durch weitere Leistungssteigerung und Vermehrung der Wissensinhalte zu erreichen (Stichworte: Informationsgesellschaft, Wissensgesellschaft, PISA-Studien und die Folgen ...). Dem hält die Pedaktik die These entgegen: Es geht nicht nur um das *Wissen*, mit dem wir die anstehenden Probleme zu lösen vermögen, sondern auch um unsere Verantwortlichkeit. Unsere Menschlichkeit, unsere sozialen und (inter-)kulturellen Kompetenzen sind gefragt, kurzum: unsere Persönlichkeit. Will man diese Kompetenzen für die Zukunft aufbauen, muss die Persönlichkeit „gebildet" werden; es reicht nicht aus, lediglich die *Inhalte* zu vermehren – auch das „Gefäß" dafür muss geformt werden. „Kompetenzen" meint hier die Fähigkeiten und Dispositionen der Person, die aus ihren Grundbefähigungen entspringen und sie in die Lage versetzen, ein Handlungsziel in gegebenen Situationen aufgrund von Erfahrung, Können und Wissen selbst organisiert zu erreichen. Ob jemand über solche Kompetenzen verfügt, ist nur aus seinem praktischen Handeln zu erschließen – insbesondere bei der kreativen Bewältigung neuer Anforderungen.

Wie kann, wie muss eine Didaktik aussehen, die solche Persönlichkeitsbildung ermöglicht? Einen beachtenswerten Hinweis zu dieser Leitfrage der vorliegenden Arbeit fand ich bei Carl Rogers (in seinem Buch: *Der neue Mensch*, S. 17f.). Er hat sich als Forscher bereits in den vierziger Jahren des 20. Jahrhunderts mit der Bedeutung der Beziehung im Beratungskontext beschäftigt. Bis heute bildet sein personzentrierter Ansatz eine wichtige Grundlage für diese Art von entwicklungsbegleitender Tätigkeit:

> „Wissen *über* ist heute nicht das Wichtigste in den Verhaltenswissenschaften, vielmehr ist ein deutliches Anschwellen erfahrungsbezogenen Wissens zu beobachten, eines Wissens, das sozusagen aus den Eingeweiden kommt und mit dem Wesen des Menschen zu tun hat. Auf dieser Erkenntnisebene befinden wir uns in einer Zone, in der nicht einfach von kognitiven und intellektuellen Inhalten die Rede ist, die fast immer ziemlich mühelos in verbalen Begriffen kommuniziert werden können. Wir sprechen vielmehr von etwas Erlebnisnäherem, etwas, das mit dem ganzen Menschen, sowohl mit seinen viszeralen Reaktionen und Gefühlen als auch mit seinen Gedanken und Worten zu tun hat."

Mit meiner Didaktik der Persönlichkeitsbildung versuche ich, dem, was „mit dem Wesen des Menschen zu tun hat", gerecht zu werden und ein Fundament zu legen, auf dem sich methodische Varianten der Umsetzung erarbeiten lassen. Ich spreche mit diesem Buch alle Interessierten an, die diesen Ansatz als Anreiz und Inspiration verstehen, die sich in ihrer Arbeit dadurch unterstützt fühlen oder/und ihn in wissenschaftstheoretischen Diskussionen verwenden möchten. Es ist ein didaktischer Beitrag für Praktiker und für Wissenschafter zugleich.

Die Pedaktik ist also eine didaktische Basistheorie, die sich mit Persönlichkeitsbildung beschäftigt. Diese von mir entwickelte Theorie besteht aus vier Elementen:

- Didaktische Intention
- Didaktische Haltung
- Didaktische Prinzipien
- Didaktischer Bezugsrahmen

Eine didaktische Basistheorie versucht, mit der Beschreibung bestimmter Faktoren das Anwenden bestimmter Methoden, Fragen und Interventionen zu begründen. Sie ist also in erster Linie eine Begründungstheorie. Im pädagogischen Raum bezeichnet man eine solche Begründungstheorie als „Didaktik", die eben begründet, warum welche Methode wann eingesetzt wird – mit anderen Worten: warum man im pädagogischen oder beratenden Prozess etwas Bestimmtes tut und warum es funktioniert (oder auch nicht).

Es geht in der Pedaktik also nicht um Vermittlung eines Inhaltes, sondern um die Person selbst. Die Person oder Persönlichkeit wird selbst zum *Gegenstand* der Pedaktik und ist gleichzeitig auch *Ziel* des Prozesses der Persönlichkeitsbildung.

Den Begriff Didaktik assoziiert man schnell mit Lehrplan, Curriculum oder auch mit methodischen Ansätzen für bestimmte Aufgaben. Bei vielen dieser Ansätze geht es darum, Lehr- und Lernprozesse so zu gestalten, dass man einen bestimmten Inhalt, ein bestimmtes Wissen optimal vermitteln kann. Eine *allgemeine* Didaktik beschreibt die nach bestimmten Prinzipien durchgeführte und auf allgemeine Intentionen bezogene Transformation von Inhalten zu Unterrichtsgegenständen. Gegenstand der Didaktik ist vor allem die Frage, aufgrund welcher Kriterien Inhalte ausgewählt und nach welchen Prinzipien sie im Unterricht vermittelt werden sollen.

Didaktik kann aber auch im weiteren Sinne als die Kunst verstanden werden, Lern- und Entwicklungsprozesse eines Einzelnen oder einer Gruppe von Menschen anzuregen und zu begleiten. Didaktik beschreibt daher auch bisher schon die Vermittlung zwischen der „Sach-Logik" des Inhalts und der „Psycho-Logik" des/der Lernenden. Zur Sach-Logik gehört die Kenntnis der Strukturen und Zusammenhänge der Thematik, zur Psycho-Logik die Berücksichtigung der Lern- und Motivationsstrukturen der Adressaten. Das oberste Ziel didaktischen

Handelns ist es in *unserem* Kontext, (erwachsene) Menschen dazu zu motivieren und darin zu unterstützen, sich lernend mit sich, den Mitmenschen und der Welt auseinanderzusetzen.

Kern oder Fundament jeder didaktischen Konzeption ist ein Paradigma, ein Denk- und Deutungsmuster, ein Erklärungsmodell für die Funktionsweise von Lehren und Lernen. In dieser Hinsicht vollzieht sich gegenwärtig ein grundlegender Perspektivenwechsel, der in der Bildungsdiskussion zu einer neuen Betrachtungsweise von Lehr- und Lernprozessen führt: Neuere Ansätze stellen den *Lernenden* in den Mittelpunkt der Betrachtung und nicht mehr den „Stoff". Gleichwohl betrachten sie ihn aber immer noch vorwiegend in Bezug zu den Inhalten, die vermittelt werden sollen, bzw. zu den Kompetenzen, die er sich aneignen soll. Eine Didaktik, die die Person selbst als Quelle, Inhalt und einziges Ziel fokussiert, ist dagegen bisher kaum beschrieben worden und vielleicht auch kaum vorstellbar gewesen.

Alle didaktischen Modelle sind zunächst einmal nur erziehungswissenschaftliche Theorien zur Analyse und Modellierung didaktischen Handelns. Sie haben den Anspruch, die Voraussetzungen, Möglichkeiten und Grenzen des Lehrens und Lernens aufzuklären. Ihr Ziel ist also die Bereitstellung eines theoretischen Gerüstes, das die Struktur und mögliche Wirksamkeit verschiedener Lehrmethoden verstehen helfen soll. Eine Didaktik der Persönlichkeit versteht sich in dieser didaktischen Tradition als theoretisches Gerüst für die Beschreibung der *Bereiche* der Persönlichkeitsbildung und der Entwicklung menschlichen Lebens.

TEIL I:
PEDAKTIK® – DIE THEORIE

Alle im Folgenden aufgeführten didaktischen Elemente und Kategorien werden nur zur Erleichterung der theoretischen Erklärung *isoliert* voneinander dargestellt. Im Prozess der Persönlichkeitsbildung sind sie zirkulär und interdependent miteinander verflochten, lassen sich also eigentlich nicht trennen.

Dabei ist eine Besonderheit zu beachten: Jedes dieser Elemente ist sowohl *Ziel* als auch *Vorbedingung* des Prozesses. Das heißt, diese Elemente bilden den Zielfokus der Persönlichkeitsbildung des Klienten oder Coachees; sie sollen in der Persönlichkeit des Coachees ausgebildet werden. Und gleichzeitig sind sie auf Seiten des Beraters bzw. Coachs Vorbedingungen, ohne die er den Prozess der Persönlichkeitsbildung nicht initiieren kann. Ich nenne diese besondere Konstellation eine didaktische Zielvorgabe.

1. DIE DIDAKTISCHE INTENTION

Erst die Intention macht einen didaktischen Prozess sinnvoll, da man daran erkennt, auf was dieser gerichtet ist. Intention bezeichnet die Absicht, auf die die Pedaktik gerichtet ist. Die didaktische Intention der Pedaktik ist die Persönlichkeitsbildung. Diese teile ich in vier Elemente auf, die in der Realität untrennbar miteinander verbunden und selbst in der (künstlichen) theoretischen Betrachtung immer aufeinander bezogen sind. Ich nenne diese vier Elemente die vier Grundbefähigungen der menschlichen Existenz. Die Grundbefähigungen bauen aufeinander auf und greifen ineinander. Man kann sie als zirkuläre Prozesse betrachten. Der Prozess der Persönlichkeitsbildung führt zu Wachstum und kontinuierlicher Reifung des Menschen. Intention der Pedaktik ist es, durch Unterstützung der vier Grundbefähigungen die Persönlichkeitsbildung beim Einzelnen anzuregen und zu fördern.

Die vier Grundbefähigungen der Persönlichkeit

Die im Folgenden genannten vier Grundbefähigungen menschlicher Existenz verstehe ich als die kategorialen Voraussetzungen geistiger Aneignung und Bewältigung von Lebensinhalten:

- die dialogische Grundbefähigung
- die geschichtliche Grundbefähigung
- die symbolische Grundbefähigung
- die dialektische Grundbefähigung

Ich erhebe mit ihrer Darstellung nicht den Anspruch auf vollständige anthropologische Charakterisierung des Menschen; doch betrachte ich sie in jedem Fall als elementare Instanzen eines selbstständig denkenden und handelnden Individuums. Sie können nicht voneinander getrennt verstanden werden, da sie interdependent sind. Aber nur ihre theoretische Unterscheidung ermöglicht ihre genauere Beschreibung. Entsprechend der didaktischen Zielvorgabe sind sie zugleich didaktische Intentionen wie auch Inhalte und Instrumente. Über diese Grundbefähigungen muss jemand verfügen, der mit anderen Menschen auf der Persönlichkeitsebene arbeitet, und zugleich stellen sie Ziele dar, die beim Gegenüber entwickelt werden sollen. Der Transparenz wegen wird nun also eine Grundbefähigung nach der anderen beschrieben.

Die dialogische Grundbefähigung

An erster Stelle steht die dialogische Grundbefähigung, da sie die Grundlage der drei anderen darstellt. Allerdings ist dabei zu beachten, dass die dialogische Grundbefähigung (ebenso wie die anderen) nie *vollständig* ausgebildet (und damit abgeschlossen) ist, sondern während des ganzen Lebens weiterentwickelt werden muss. Die wesentlichen Aspekte der dialogischen Grundbefähigung sind die Fähigkeiten zu Kommunikation, Interaktion, Begegnung, Beziehung und Kontakt. Sie bildet damit die Grundlage jedes Zusammenlebens, jeder Gemeinschaft, Nation, Zivilisation. Im Kontext der Globalisierung hat sie damit einen unverzichtbaren Wert.

Die dialogische Grundbefähigung ist fundamental für unsere Entwicklung. Sie umfasst alle Kommunikationsformen, Beziehungsfähigkeit, soziales Verhalten und soziales Lernen, Liebesfähigkeit und alles, was *Dialog* im klassischen Wortsinn beinhaltet. Es geht um die Fähigkeit, sich selbst mitzuteilen, aber auch dem anderen zuzuhören und so mit ihm in Diskurs zu treten. Mit dieser dialogischen Grundbefähigung ist auch Selbstverwirklichung oder Identitätsfindung gemeint, aber nicht in einem egozentrisch pervertierten Sinne. Denn Identität setzt einen Interaktionsprozess voraus. Die Erfahrung der Differenz zwischen Ich und Du unterstützt die Persönlichkeitsbildung, und zwar umso mehr, je mehr diese Erfahrung reflektiert wird. Trotz der Unterschiede zwischen Menschen können „dialogische Korridore" der Begegnung und Beziehung gefunden werden. Begegnung bedeutet im wörtlichen Sinne personale Veränderung – Persönlichkeitsbildung.

Viele Menschen scheitern an einem solchen Interaktionsprozess, weil sie sich eher nach dem Sympathie-Antipathie-Schema verhalten und es nicht zur Begegnung im Sinne einer persönlichen Veränderung kommen lassen. Das Bestehende bestätigt man gerne, das Neue lässt man lieber nicht an sich heran. So kommt der Bildungsprozess der Persönlichkeit zum Stocken. Wir Menschen brauchen aber diese Voraussetzung zur Fremdidentifikation, die Fähigkeit zur Einfühlung in das Unbehagen und Wohlbefinden anderer (Empathie) und darauf aufbauend die Fähigkeit zum reflektierten Umgang mit Erwartungen und Rollen. Ein weiterer Schritt ist die Sprach- bzw. Dialog- und Kommunikationskompetenz. Sie besagt, dass sich jemand unter Verwendung verschiedener Kommunikationsformen am Entwurf eines gemeinsamen Handlungsprojektes und an der Wirklichkeitskonstruktion beteiligen kann.

Die geschichtliche Grundbefähigung
Der Mensch ist ein „historisches" Wesen, das sich selbst im Kontext einer geschichtlichen Entwicklung erlebt. Man sollte sich dessen bewusst sein, dass man untrennbar mit der Geschichte und Kultur der umgebenden Gesellschaft, der Gemeinschaft, des Landes, in dem man lebt, verbunden ist, und zwar sowohl mit der Vergangenheit als auch mit der Zukunft. „Verknüpfung mit der Zukunft" bedeutet, dass man die Geschichte aktiv mitgestalten kann. Wir sind geschichtliche Wesen und gestalten Historie mit.

Menschen speichern ihre Erlebnisse und deren Sinn und damit die für sie persönlich wichtige Be-Deutung der Erlebnisse. Das Erlebnis ist als gedeutete Erfahrung Sinn gebend. Erfahrungen werden gewonnen auf dem Hintergrund der jeweiligen Biografie: Meine Situation besteht aus der Geschichte meiner Erfahrungen. Meine Situation ist daher immer biografisch definiert.

Der Austausch über diese biografischen Sinnkonstruktionen kann die bisher gewonnene Identität bestätigen und/oder hinterfragen. Die Gegenwart ist jedoch immer der Zugang zur Geschichte, die retrospektiv als Sinnhorizont erfahren wird. Jede Gegenwart schreibt ihre Geschichte neu.

Der Blick auf die Geschichte löst die Selbstbefangenheit, er weckt und erweitert das Verständnis der Gegenwart. Eine Begegnung mit der Geschichte lässt den Menschen nicht unberührt, sondern vermag ihn zu verändern.

Die symbolische Grundbefähigung

Wir Menschen sind in der Lage, Zeichen nach Regeln zu kombinieren. Ein gutes Beispiel für das systematische Nutzen von Symbolen ist die Kommunikationssituation. Hier setzt man Signale, die durch freie Konvention mit bestimmten Konzepten verknüpft wurden (also Symbole), gezielt dazu ein, dem Gesprächspartner die eigene Welt (im Kopf) zu vermitteln. Gleichzeitig werden aber auch die vom Kommunikationspartner ausgesandten Symbole entschlüsselt und in die eigene symbolhafte Ausdrucksform übernommen. Diese Fähigkeit, mit Symbolen Sinn gebend und Sinn deutend umzugehen und sie zu entschlüsseln, nenne ich hier „symbolische Grundbefähigung".

Jede Kultur, jede gesellschaftliche Gruppe und so auch jede Firma hat ihre eigenen Symbole. Symbole bezeichnen nicht nur Gegenstände, sondern auch und vor allem sprachliche und handlungsbezogene (rituelle) Übereinstimmungen in Gruppen. Viele Symbole sind relativ leicht zugänglich, da sie einer allgemeinen Symbolik entsprechen, also universell anwendbar und zu verstehen sind (etwa das Händeschütteln als Zeichen der Begrüßung). Andere Symbole sind nicht so leicht verständlich, da ihre konventionelle Bedeutung nur innerhalb einer bestimmten Gruppe (z. B. einer Firma) gilt.

Goldmedaille oder Hakenkreuz, Weihnachtsbaum oder Diamant, die Farbe Grün für Hoffnung oder eine Rose für die Liebe – Symbole sind konkrete Zeichen oder Bilder, die etwas

Nichtfassbares, Allgemeingültiges sinnlich wahrnehmbar und damit verständlich machen. Insofern regeln Symbole das Zusammenleben. Sie sind kollektiv, d. h. gültig für eine Gruppe von Menschen; sie sind integrierend, denn jedes Mitglied dieser Gruppe versteht ihren Sinn und den abstrakten Gehalt oder Sachverhalt, auf den sie verweisen; sie sind harmonisierend, denn sie bieten die Möglichkeit, zwischen Normalität und Abweichung zu unterschieden.

Das symbolische Grundverständnis ist die Fähigkeit, Sachverhalte zu beschreiben, die sich in Worten allein nicht ausdrücken lassen, es umfasst also z. B. auch das Sprechen in Metaphern, Analogien, Geschichten und Vergleichen. Dieses Verständnis ist in starkem Maße abhängig von der Kultur, innerhalb derer man sich bewegt, und *prägt* diese in gleichem Maße. „Kultur" wird hier nicht als rein demografische Kategorie verwendet; auch kleine Gruppen von Menschen, Firmen oder sogar einzelne Abteilungen haben ihre jeweils eigene Kommunikations-„Kultur" – und damit ihre eigenen Symbole und Rituale (z. B. Statussymbole der Macht).

Das symbolische Grundverständnis bezeichnet also die Fähigkeit, die symbolische und rituelle Kultur eines Systems zu verstehen und zu verwenden.

Rituale lassen sich verstehen als in Handlung umgesetzte Symbole. Die Wirkkraft und Bedeutung von Ritualen erschließt sich vor allem dem, der das Ritual ausführt. Bloße Beobachtung kann die tiefere, sprachlich nicht ausdrückbare Bedeutung nicht auffassen. In allen Kulturen gibt es unzählige Rituale. Die Initiationsrituale stehen oft für die Schwelle von *einem* Entwicklungsstand zum nächsten. Sie müssen durchlebt werden und können nur dann als Unterstützung der Persönlichkeitsbildung erfahren werden, wenn sie eher intuitiv und nicht intellektuell bewältigt werden.

Jeder Mensch sollte in der Lage sein, Symbole schnell zu erkennen, zuzuordnen und mit ihnen umzugehen, zumindest soweit es die Situation erfordert. Die symbolische Grundbefähigung ist wie die geschichtliche ein Element des Interaktionsprozesses, da der Mensch bei gewissen Inhalten zur Verständigung stets auf Symbole angewiesen ist.

Symbole werden zur Existenzbewältigung benötigt. Sie beinhalten ein Stück nicht darstellbarer Wirklichkeit. Das Symbol ist eine Wirklichkeit ganz eigener Art. Es bildet nicht ab, was es abbilden soll, und trotzdem erschließt sich die dahinter verborgene Wirklichkeit nur durch das Verstehen des Symbols. Viele elementare und vor allem transzendente Gehalte sind für die Menschen nur über Symbole zugänglich.

Menschliches Erkennen und menschliches Reden bleiben auch in höchster metaphorischer Anstrengung anschauungsgebunden. Alles Sprechen ist symbolisch zu verstehen.

Die dialektische Grundbefähigung

Hier ist weniger der Kommunikationsaspekt gemeint (nämlich dass man mithilfe der Gegenüberstellung von These und Antithese zu einer Synthese kommt), sondern die Befähigung, die Spannung auszuhalten, die in einer widersprüchlichen und mehrschichtigen Situation zwischen zwei Polen entsteht, und sich sicher, selbstbewusst und konstruktiv darin zu bewegen. Das bedeutet Akzeptieren von Mehrdeutigkeit, ohne dass man sich aus dem Spannungsfeld herausbegibt oder es auflöst, indem man sich auf die *eine* Seite stellt, sich für den einen Pol entscheidet und von dort die *andere* Seite zu bekämpfen versucht.

Jeder Mensch muss zwischen den Polen von Geburt und Tod, von Leben und Sterben, von Endlichkeit und Unendlichkeit seine Identität finden. In diesem dialektischen Raum entstehen die existenziellen Fragen nach dem Sinn des Lebens. Der Mensch ist aufgefordert, diese Wirklichkeit anzugehen anzunehmen und sich über diese letztlich nicht begreifbare Wirklichkeit zu verständigen (z. B. durch Symbole). Der Prozess der Interaktion zwischen Menschen verläuft selbst ebenfalls *dialektisch* – gleichwohl entstehen durch ihn Sinnkonstruktionen, die die Spannung lebbar machen, ohne dass die Beteiligten in Extreme verfallen müssen (etwa Fundamentalismus).

Nach Jean Piaget ist es erst einem reifen Menschen mit konkret-operatorischer Intelligenz möglich, mehrere Gesichtspunkte gleichzeitig zu erleben, sie zu berücksichtigen und den Standpunkt eines anderen zu sehen und mit einzubeziehen. Erst diese Fähigkeit macht es möglich, dialektisch mit Ansichten und Standpunkten umzugehen.

Anhand eines Gegensatzpaares möchte ich die dialektische Grundbefähigung im Folgenden verdeutlichen. Dabei geht es darum, beide Pole zu leben – für den Verstand ein Paradoxon, für die Persönlichkeit eine Haltung der Integration, aus der Lebendigkeit und Kreativität entspringen. Nehmen wir die ungewöhnliche Verbindung von Ich-Stärke einerseits mit Angst andererseits, wie sie bei einigen Schriftstellern zu beobachten war. Ich-Stärke führt, wenn sie maximiert wird, zu Überheblichkeit und Egozentrismus; hingegen kann maximierte Angst, für sich allein genommen, vollständige Lähmung oder auch Panik bedeuten. Die Kombination der beiden bewirkt nun insofern eine Korrektur, als die maximierte Ich-Stärke durch die Angst vor dem Umkippen ins Negative bewahrt wird – und die Angst durch ihre Kombination mit Ich-Stärke eine positive Funktion bekommt: Sie kann ihre positiven Aspekte entfalten, wie zum Beispiel Mut und Vertrauen.

Eine so verstandene Überführung von (vermeintlichen) empirischen Gegensätzen in eine spannungsvolle („spannende")

Balance kann als polare Integration bezeichnet werden. Mit diesem Verständnis der dialektischen Grundbefähigung kann man individuelle Entwicklungsziele finden und damit die Persönlichkeitsbildung anregen:

Selbstentwicklung als Prinzip der Persönlichkeitsbildung meint einen sich immer wieder selbst überholenden „utopischen Selbstentwurf". Die Diskrepanz zwischen Ideal- und Real-Selbst ist durch Entwicklung einholbar und das Individuum hat die permanente Möglichkeit, ein besseres Ideal-Selbst zu entwerfen. Dieses Ideal-Selbst kann immer wieder als neues utopisches Ziel für die eigene Entwicklung fungieren. Neben der Selbstverwirklichung braucht es somit zur Persönlichkeitsbildung auch die Selbstüberwindung, zum Beispiel durch Selbstkritik.

Zentrales Element der dialektischen Grundbefähigung ist somit die Idee des Selbstentwurfs der Persönlichkeit mit lebenslanger Entwicklungsperspektive, eines Selbstentwurfs im Sinne eines lebenslangen Projektes, wobei die implizierte Utopievorstellung keinen inhaltlich bestimmten, optimalen Endzustand bezeichnet, sondern als positive Entwicklungsperspektive immer wieder neu entworfen, ausgearbeitet und umgesetzt werden muss.

2. DIE DIDAKTISCHE HALTUNG

Der Mensch wird am Du zum Ich

Menschen beeinflussen andere Menschen – in jeder Situation, bewusst oder unbewusst. Als Person sind wir immer Teil einer Situation und im Prozess der Persönlichkeitsbildung Teil der Interaktion mit anderen. Aber bevor wir unser Gegenüber erreichen, können wir bereits mit uns selbst in Kontakt sein. Und da wir uns selbst eher erreichen als das Gegenüber, können wir auch die Situation der Persönlichkeitsbildung am ehesten über uns selbst beeinflussen – über unsere innere Haltung in der Interaktion mit anderen. Bei unserer Aufgabe als Führungskräfte, Berater oder Pädagogen stellen wir als Menschen, als Individuen, selbst den stärksten „Einflussfaktor", die wirksamste „Intervention" für die Persönlichkeitsbildung eines anderen Menschen dar. Es braucht eine Persönlichkeit, um eine andere Persönlichkeit zu unterstützen und in der Persönlichkeitsbildung zu beraten. Der Mensch wird am Du zum Ich.

Daher ist unsere didaktische Haltung ein wirksames Mittel zur Umsetzung der didaktischen Intention (Vermittlung der vier Grundbefähigungen); sie macht den Unterschied zu anderen Vorgängen, wo versucht wird, den Bildungsprozess der Persönlichkeit ausschließlich über *thematisch* bestimmte Wissensinhalte zu beeinflussen.

Dies setzt aber auch voraus, dass wir uns selbst kennen und mit uns selbst in Kontakt sind. Selbstreflexion ist ein Weg, seinen eigenen Prozess der Persönlichkeitsbildung zu unterstützen und gleichzeitig wach und offen für die Begegnung mit anderen zu sein.

Selbstreflexion in Beziehungen

In der Selbstreflexion geht es zum Beispiel um:

- Aktualisieren (Vorstellungen, die wir über uns und andere entwickelt haben und als Selbstverständlichkeit leben, uns wieder bewusst machen und sie hinterfragen)
- Relativieren (sich aus unterschiedlichen Perspektiven betrachten),
- Handlungsperspektiven entwickeln (auf der Grundlage des Relativierens verschiedene Handlungsalternativen entwickeln),
- Experimentieren (mit uns selbst experimentieren, Situationen anders angehen und uns dabei beobachten) und
- Flexibilisieren (innerlich beweglich bleiben durch den anhaltenden Prozess der Selbstreflexion).

Kennzeichen unserer didaktischen Haltung

In unserer Rolle als Berater oder Coach hat unsere didaktische Haltung einen nicht unerheblichen Einfluss auf die Persönlichkeitsbildung des Gegenübers. Sie sollte gekennzeichnet sein durch:

- Offenheit gegenüber Erfahrungen bei sich und dem anderen,
- realistischere Selbstwahrnehmung und -reflexion,
- Vertrauen in die eigene Person,
- Akzeptanz der eigenen Person,
- Kompetenz zur Selbststeuerung

Zentrale Elemente dieser didaktischen Haltung sind Respekt, einfühlendes Verstehen und Wahrhaftigkeit. Es gibt viele verschiedene Arten, jemandem zu zeigen, dass ich ihn zutiefst verstehe oder versuche, ihn zu verstehen, und interessiert bin und ihn als Person akzeptiere, achte und schätze. Dies kann ich vor allem durch nonverbale Signale unterstützen, da gerade die emotionalen Botschaften nonverbal vermittelt werden.

Bei der didaktischen Haltung geht es um ein tieferes Begegnen von Person zu Person und nicht um Unterweisen und erst recht nicht um (Ver-)Urteilen.

Ich spreche deshalb von tiefer Begegnung, weil die didaktische Haltung die rein kognitive, auf dem Verstand beruhende Begründung für Handeln und Einstellung zum Leben und zu den Menschen transzendiert. Diese tiefere Beziehung kann auch als „spirituelle" Haltung allem Lebendigen gegenüber verstanden werden.

Zum Menschenbild der Pedaktik®

In der didaktischen Haltung wird ein Menschenbild gelebt, das die Beziehung zu mir und zum anderen beschreibt. Es betont das Positive der Person, ihre prinzipielle Konstruktivität und Kreativität, die Ressourcenorientierung statt der Defizitorientierung: In der Interaktion (zum Beispiel beim Coaching) wird mit den vorhandenen Kräften gearbeitet, die genutzt, ausgebaut und gestärkt werden, statt dass man sich auf Defizite konzentriert, also: Die Stärken stärken und weiterentwickeln und für die Schwächen eine kreative Lösung finden!

Dieses Menschenbild betont die Bewusstheit des Menschen in seiner gegenwärtigen Wirklichkeit statt das Unbewusste. Es betont die prinzipielle (Entscheidungs-)Freiheit der Person, die Verantwortlichkeit für das eigene Leben, die Ziel- und Sinnorientierung, die Menschen leitet, und die ganzheitliche Vernetzung der Person mit allem.

Das Menschenbild ist die Vorgabe, die begleitete Person (das Gegenüber) entwickelt sich in seiner Richtung, wenn man ihr eine solche Haltung konsequent und überzeugend entgegenbringt. Diese „sich selbst erfüllende Prophezeiung" funktioniert, weil man diese Haltung in jedem Menschen (als angelegt) voraussetzen kann. Der *Glaube* an den betreffenden Menschen erhöht die Chance, dass dieser letztlich selbst an sich glaubt und Kräfte aktiviert, die er zur positiven und konstruktiven Gestaltung seines Lebens braucht. Die Pedaktik möchte mit der didaktischen Haltung die personalen Bedingungen schaffen, die Persönlichkeitsbildung ermöglichen.

Menschen haben die Fähigkeit, die für die Persönlichkeitsbildung günstigen Bedingungen aufzusuchen oder herzustellen. Dies wird von Carl Rogers als Aktualisierungstendenz (Selbstrealisierungstendenz) bezeichnet. Sie wird als das übergeordnete Sinn- und Entwicklungsprinzip menschlichen Verhaltens und Erlebens angesehen. Sie bewirkt, dass der menschliche Organismus alle körperlichen, seelischen und geistigen Möglichkeiten zu entfalten und zu erhalten sucht.

Das menschliche Verhalten ist nach allgemeinem Verständnis zunächst auf Erfüllung einiger Grundbedürfnisse ausgerichtet und wenn das grundlegende Bedürfnis nach bedingungsloser positiver Wertschätzung befriedigt ist, verhält sich der Mensch im Streben nach Entfaltung grundsätzlich konstruktiv, rational, sozial. Wird ihm diese Wertschätzung nicht gewährt, tut er alles, um seine Existenz und seine Selbstachtung aufrechtzuerhalten, selbst wenn er sich dabei nicht mehr entfalten kann oder gar seine inneren Möglichkeiten unterdrücken muss. Dies kann zu Blockierungen, seelischen Störungen und Hemmungen oder zu destruktivem, irrationalem, asozialem Verhalten führen. Aufgrund dieser (anthropologischen) Annahme über das Wesen des Menschen werden Gewalt und Aggressionen nicht als dem Menschen grundsätzlich wesenhaft zugeschrieben, sondern als *Folgeerscheinungen*, als gewachsener Ausdruck von unter Umständen chronifizierten Blockierungen der Aktualisierungstendenz verstanden.

Konzepte der Selbstrealisierung des Menschen

Im Kontext der Biologie sehen auch die beiden Neurobiologen Maturana und Varela diese Selbsterhaltungs- und Selbstherstellungsfähigkeit (Autopoiese) als zentrales Merkmal lebender Systeme. In der Psychologie setzen sich gegenwärtig immer mehr solche Entwicklungstheorien durch, die die Selbstkonstruktion der Person betonen: Das heranwachsende Individuum wählt aus, sucht Situationen und Bedingungen auf, die ihm nützlich erscheinen. Selbstaktualisierung und Selbstkonstruktion bedeutet sehr vereinfacht: Jeder biologische Organismus, also auch der Mensch, verfügt grundsätzlich über die Möglichkeit, entsprechend den Bedingungen der Umwelt seine Potenziale zu entwickeln. Der Mensch unterscheidet sich allerdings von Tieren darin, dass er dabei auch ein *Selbstkonzept* von sich entwickelt. Dieses wiederum kann unter ungünstigen Bedingungen im *Widerspruch* zu seiner organismischen, sprich: leiblichen, Entwicklung stehen – die Ursache von Störungen in der Persönlichkeitsbildung.

Das Prinzip Menschlichkeit

Mit ihrer konsequenten Fokussierung auf Beziehung und Wertschätzung bietet die didaktische Haltung der Pedaktik das Rüstzeug, solche Widersprüche in den Selbstregulationsprozessen zu beseitigen oder zumindest zu mildern. Diese didaktische Haltung steht für eine zutiefst humane Begegnung von Person zu Person, in der die Persönlichkeitsbildung gefördert und die Grundwerte menschlicher Beziehung deutlich werden. In diesem Sinne könnte ich sie auch als Mitmenschlichkeit und / oder Liebe bezeichnen.

Ähnlich sieht der (durch seine Bücher *Warum ich fühle, was du fühlst* und *Das Gedächtnis des Körpers* bekannt gewordene) Freiburger Medizinprofessor und Psychotherapeut Joachim Bauer den Kern aller Motivation und Persönlichkeitsbildung in folgenden Elementen:

- zwischenmenschliche Zuwendung
- Wertschätzung
- Liebe finden und geben.

Was wir im Alltag tun, wird direkt oder indirekt dadurch bestimmt, dass wir sozialen Kontakt gewinnen oder erhalten wollen. Bei dauerhaft gestörten Beziehungen oder dem Verlust von Bindungen kann es zu einer hemmenden Einschränkung in der Persönlichkeitsbildung kommen. Auf der Grundlage neurowissenschaftlicher Befunde prägt J. Bauer den Begriff des „social brain" – ein Bild vom Menschen, das auf Kooperation und Beziehung ausgerichtet ist, die er *benötigt*, um sich zu entwickeln. Seelische Eindrücke wie Anerkennung und Wertschätzung werden demnach im Gehirn in Botenstoffe umgewandelt und damit letztlich in die Bereitschaft, zu lernen und zu wachsen. Fehlen diese Signale über zu lange Zeit, so gerät die Persönlichkeitsbildung ins Stocken. Innerste Dynamik alles Lebendigen ist demnach nicht der von Charles Darwin postulierte „war of nature"; Kernmotive der Persönlichkeitsbildung sind vielmehr Kooperation, Spiegelung und Resonanz.

J. Bauer beschreibt die sogenannten Spiegelneuronen als biologische Basis für gelingende individuelle und gesellschaftliche Bindung und überhaupt als zentrale Gehirninstanz dafür, dass wir einander verstehen und zur Empathie fähig sind. Wir sind also von Natur aus dafür geschaffen, mitzufühlen und danach zu handeln. Und dadurch wird verdeutlicht, warum die didaktische Haltung ein zentrales Element der Pedaktik ist: Aufbau und Wirksamwerden von zwischenmenschlichen Beziehungen stellen eine natürliche Eigenart des Menschen dar und sind zentral für die Persönlichkeitsbildung.

3. DIE VIER DIDAKTISCHEN PRINZIPIEN

Die Pedaktik beinhaltet vier didaktische Prinzipien:

- Elementarisieren!
- Konstruktivistisch denken!
- Mentale Modelle hinterfragen!
- Kontextualisieren!

Sie dienen zur Weiterentwicklung der Grundbefähigungen. Damit diese Prinzipien wirksam werden können, benötigen wir entsprechende Instrumente und Methoden. Das können Fragetechniken, Visualisierungen, soziometrische Methoden oder andere kreative und beraterische Instrumente sein. Wichtig ist immer, was ich mit der Methodik oder dem Instrument erreichen möchte:

- Möchte ich den sachlichen Inhalt und seine Oberflächenstruktur auf seine elementare Tiefenstruktur hin reflektieren, so werden Methoden wichtig, die den Prozess elementarisieren.
- Wird es wichtig, den Gesprächsinhalt mit seiner Entstehungsgeschichte zu verbinden und seine Bedeutung für die Person zu verdeutlichen, so werden Methoden wichtig, die den Sachgehalt und seine (Be-)Deutung eher als Konstruktion denn als „Wahrheit" verdeutlichen.
- Soll verdeutlicht werden, welche Denkgewohnheiten eine Person über einen geschilderten sachlichen Gehalt, über andere Beteiligte, über die Zeit (Zukunft, Vergangenheit, Gegenwart) und über sich selbst hat, so werden Methoden und Instrumente eingesetzt, die ihre mentalen Modelle reflektieren.

- Wenn der beschriebene Inhalt oder das geschilderte Problem in einen größeren Gesamtzusammenhang gestellt werden soll, so werden Instrumente und Methoden zur Kontextualisierung angewandt.

Alle vier Prinzipien regen also den Prozess der Persönlichkeitsbildung aktiv an. Sie rufen auf zum Verdichten, Umdeuten, Reflektieren und Erweitern der Perspektiven der betreffenden Person.

Elementarisieren!

Im Coaching treten immer wieder Phänomene auf, die darauf hinweisen, dass die inhaltlichen Themen und fachlichen Fragen des Coachees etwas mit ihm selbst zu tun oder Bedeutung für sein Leben haben. Diese Thematik ist nicht direkt auf der Oberflächenstruktur der Kommunikation zu erkennen. Das didaktische Prinzip des Elementarisierens führt uns von der Oberflächenstruktur des Gesagten zur Tiefenstruktur des dahinterliegenden Gemeinten: vom fachlichen Allgemeinen hin zur persönlichen Lebenswelt. Es regt dazu an, immer wieder den Bezug des Theoretischen zum Persönlich-Existenziellen herzustellen.

In diesem Sinne ist das Elementarisieren in unserem Informationszeitalter eine höchst aktuelle und unverzichtbare Aufgabe, nicht nur als Herausforderung an den Coach, sondern als eine Art Grundkompetenz für jeden modernen Menschen überhaupt. Elementarisierung im weitesten Sinne ist eine Form der existenziellen „Vereinfachung" einer vordergründig fachlich motivierten Fragestellung und stellt einen zur Zunahme der Informationen gegenläufigen Prozess dar.

Der Begriff Elementarisierung geht auf die Arbeiten des Pädagogen Wolfgang Klafki zurück, der bereits in den sechziger Jahren des letzten Jahrhunderts eine Reflexion über elementare Bildungsinhalte anmahnte. Klafki beschreibt Elementarisierung als die didaktische Seite einer kategorialen Bildung, die eine wechselseitige Erschließung von Subjekt und Objekt ermöglichen soll. Klafkis Forderung gewinnt heute wieder an Aktualität – wenn auch in etwas abgewandelter Form.

Die Elementarisierungsidee hat ihren Ursprung in der allgemeindidaktischen Elementarisierungsdiskussion der fünfziger Jahre und geht auf die Begriffe der bildungstheoretischen Didaktik zurück. Ausgangspunkte waren die Lebensfragen und Probleme der *Schüler* – die Suche nach wichtigen *Themen* des schulischen Lernens und nach entsprechenden *Texten* wurde damit an die zweite Stelle gerückt. Von daher stellte sich die Frage, inwiefern bestimmte Bildungsinhalte angesichts aktueller Probleme für die Schüler noch von Bedeutung waren.

- Eine Forschungsgruppe des Comenius-Instituts Münster unter Leitung von Hans Stock beschäftigte sich ab 1973 mit der Elementarisierung theologischer Inhalte und Methoden, die zum Ziel hatte, theologische Inhalte so auf Grundlegendes zu konzentrieren, dass sie in den Erfahrungsbereich der Lernenden eintreten oder dort aufgefunden werden konnten.
- 1979 griff Karl Ernst Nipkow das Problem der Elementarisierung ebenfalls auf. Er verstand seine Lösung als ein wesentliches Konzept für die Umsetzung des Vorhabens, Inhalte zu vermitteln, und vollzog damit den Schritt zur Elementarisierung als grundlegender Aufgabe für die Unterrichtsvorbereitung. Nipkow wollte die Bildungsinhalte auf die Schüler mit ihren Erfahrungen und in ihren spezifischen Lebensbedingungen bezogen sehen, sodass sie für die Schüler eine neue Relevanz gewinnen konnten.

Klafki formulierte mit seinem Begriff der wechselseitigen Erschließung den Gedanken, dass Unterricht nur als eine Doppelbewegung von den Inhalten zu den Schülern und von den Schülern zu den Inhalten denkbar ist, die von Anfang an eine wechselseitige Verschränkung der beiden Seiten zum Ziel hat. Beide Bewegungen bedingen einander.

Vergleichbar mit Klafkis didaktischer Analyse werden bei der klassischen didaktischen Elementarisierung zunächst in einer Art Sachanalyse die elementaren Strukturen und elementaren Wahrheiten der Unterrichtsthemen bestimmt und in einem weiteren Schritt didaktische Konsequenzen in Bezug auf die Voraussetzungen der Schüler, ihre elementaren Erfahrungen sowie mögliche entwicklungsgemäße Zugänge gezogen. Das Modell wurde jedoch nie auf die Persönlichkeitsbildung übertragen, die sich *grundsätzlich* als subjektorientiert statt inhaltsorientiert versteht.

Die Pedaktik ist keine Didaktik zur Inhaltsvermittlung, sondern stellt den Menschen als „Inhalt" und Ziel gleichermaßen in den Mittelpunkt. *Seine* Themen, die *ihn* beschäftigen, die aus *ihm* herauskommen, sind die Themen, um die es geht – im Unterschied zu den von außen kommenden, die als „Lernstoff" an ihn herangetragen werden. Elementarisiert werden also nicht die zu vermittelnden Themen Außenstehender, sondern seine eigenen Themen, die er im Gespräch zum Ausdruck bringt. Aber auch hier gilt es zu beachten, dass es hinter jedem (vordergründig) *angesprochenen* Thema noch ein „Thema hinter dem Thema" gibt, das viel existenzieller mit ihm zu tun hat.

Beispiel: Eine Führungskraft spricht in einer Coaching-Sitzung (also als Coachee) über ihren Chef, der ihr immer mehr an Aufgaben zumutet. Dabei fühlt der Coachee sich wie gelähmt. Vordergründig (auf der Oberflächenstruktur) geht es um eine Verbesserung der Arbeitsverteilung und Arbeitsorganisation. Hintergründig (auf der Tiefenstruktur) spricht er auch über seine Lähmung und Ohnmacht, etwas zu tun, wenn eine Autorität Ansprüche an ihn stellt. Hier liegt das Eingangstor zur Elementarisierung.

Konkretisiert für eine Didaktik der Persönlichkeitsbildung und das Arbeitsfeld Coaching beinhaltet das Elementarisieren also die folgenden Schritte:

1. Zunächst wird im Gespräch über die Themen des Coachees (wie Arbeitsorganisation ...) nach elementaren Strukturen und Phänomenen (wie Lähmung, Ansprüche einer Autorität ...) gesucht.
2. Der Coach versucht dann die so ermittelten „Gegenstände" sach- und personengemäß zu „vereinfachen", auf ihren Kern zu reduzieren. Beispielsweise wiederholt er die elementaren Phänomene statt der sachlich-fachlichen Inhalte.
3. Der Coach bemüht sich um Aufdeckung der darin verborgenen lebensbedeutsamen, eben elementaren Erfahrungen (etwa persönliche Erfahrungen mit Vorgesetzten, Ausbildern, Lehrern und anderen Autoritäten aus der Vergangenheit und deren Konsequenzen ...).

Erst im Anschluss an diesen Dreischritt erschließen sich schrittweise existenzielle Wirklichkeitskonstrukte der Vergangenheit, die vom Coachee als elementare Wahrheiten der Gegenwart bezeichnet und empfunden werden.

Folgt man diesem Verständnis von Elementarisierung, dann geht es nicht allein um eine Reduktion auf Eindeutiges oder Einfaches, wenngleich dies auf der ersten Stufe innerhalb eines elementarisierenden Coaching-Prozesses wichtig sein kann; es geht vielmehr um das, was uns existenziell unbedingt angeht. Elementarisierung befasst sich mit der subjektiven Welt und

Wahrnehmung. Elementarisieren verstehe ich als ein Suchen nach den Spuren des Existenziellen in den vordergründigen Themen, mit denen der Coachee in die Sitzung kommt. Elementarisieren heißt, sich mit der Wirklichkeit des anderen, mit seinen Bedürfnissen und Emotionen in ihren unterschiedlichen Erscheinungsformen vertraut zu machen. Elementarisieren heißt weiterhin, ein Gespür für das entwickeln, was keine direkte, ausdrückliche Erwähnung (in der Oberflächenstruktur) findet und trotzdem da ist. Elementarisieren verstehe ich als den Versuch, der Sprache des Anderen nachzugehen. Und damit verlässt die Pedaktik die sicheren Pfade des eher wissenszentrierten Elementarisierungsverständnisses der achtziger Jahre, da die jeweilige Person und ihre Welt ins Zentrum des Bildungsprozesses gestellt werden.

Ein solcher Prozess der Persönlichkeitsbildung kann nicht mehr linear geplant werden, sondern verläuft zirkulär und spontan. Das erfordert vom Coach, voll und ganz präsent zu sein und wach für alle Inhalte einer Botschaft – für die Oberflächenstruktur des Gesagten und für die darunterliegende Tiefenstruktur mit den Emotionen und Bedürfnissen des Coachees.

Konstruktivistisch denken!

Als der Soziologe Niklas Luhmann einmal gefragt wurde, wie viele Wahrheiten es seiner Meinung nach gebe, zögerte er einen Moment und antwortete: „Na, so ungefähr fünfeinhalb Milliarden ..."

Und der Dichter Durs Grünbein sagte: „Wenn ein Körper stirbt, geht ein Kosmos zu Grunde, jedes Hirn repräsentiert eine eigene Welt. Wir haben jetzt also etwa sechs Milliarden Welten."

Nach konstruktivistischer Denkweise ist die Realität, wie man sie wahrnimmt, (eine) Konstruktion. Der Konstruktivismus geht davon aus, dass jeder Mensch sich seine eigene Realität „zusammenbaut", und zwar aus dem, was ihm seine Wahrnehmungsorgane – mittelbar – übertragen. Objektive Erkenntnis ist nicht möglich, Erkenntnis bleibt immer eine indirekte, denn jede Wahrnehmung existiert im Menschen als elektrische, physikalische und/oder chemische Kodierung und bildet sozusagen eine Matrize des Realen. Daher wird bei der Konzeption neuer Bildungsmodelle mehr und mehr die Forderung nach einer subjektiven Ausrichtung der Didaktik laut.

Durch Selbstreflexion können Konstruktionen rekonstruiert werden. Durch die Reflexion der eigenen Konstruktionen wird das ursprüngliche Konstrukt oft neu zusammengesetzt, selektiv erhalten einige Schilderungen eine andere Bedeutung und Erlebnisse werden heute anderes gedeutet als in der Vergangenheit. Damit dient die Arbeit an den persönlichen Konstrukten der Wirklichkeit und ihrer Deutung der Persönlichkeitsbildung. Denn Reflexion ist prüfendes und vergleichendes Nachdenken und eine Form der Verarbeitung vergangener Erfahrungen, die als Konstrukte mit einer bestimmten (Be-)Deutung gespeichert wurden. Reflexion ist der Versuch des Menschen, seiner selbst habhaft zu werden. Durch Erinnern, Erzählen, Interpretieren und Bewerten gewinnen die ursprünglichen Erlebnisse festere Formen. Allerdings verändern sie sich dabei auch, weil jedes Neuerzählen vergangener Wirklichkeit selektiv und immer von gegenwärtigen Deutungsmustern beeinflusst ist.

Reflexion ist ein wichtiges Mittel zur Erkenntnis (und Stärkung) unserer Wirklichkeitskonstrukte und deren Deutung. Heutzutage streben Führungskräfte nur nach *Wirkung* und nicht zur Reflexion über ihr Handeln. Der Grund dafür ist in unserer heutigen Zivilisation zu suchen. Unsere leistungsorientierte

Wirtschaft hat das Ziel, in möglichst kurzen Zeiträumen immer mehr zu produzieren oder zu erreichen, ohne über den Sinn dieser Handlungsweise nachzudenken.

Ein ganz anderer Weg wäre es, mittels Reflexion zur Erkenntnis zu kommen. Der Mensch sollte sich selbst betrachten, um sein Handeln bewerten zu können. Die Reflexion ist ein Prozess, in dem wir erkennen, *wie* wir erkennen, das heißt: ein Vorgang, bei dem wir auf uns selbst zurückgehen und zurücksehen.

Menschen erfinden sich durch die Rekonstruktion ihrer Konstruktionen neu – auch wenn es jeweils nur ein kleiner Teil von ihnen und ihrer subjektiven Wahrheit ist. Ein Konstrukt wird niemals zweimal auf die gleiche Weise rekonstruiert. Bisherige Deutungen erhalten eine neue Be-Deutung und werden an die gegenwärtige Lebenssituation angepasst. Bisherige mentale Modelle und Verhaltensmuster werden durch den Prozess der Rekonstruktion auf ihre Lebbarkeit und Brauchbarkeit überprüft. Die Enttarnung alter, entwicklungshemmender Muster kann man als *Dekonstruktion* verstehen. Aus dieser Erkenntnis heraus erfolgt eine neue Konstruktion.

Ein zirkulärer Prozess der Persönlichkeitsbildung entsteht, wenn Bedingungen und Hilfen zur Reflexion des eigenen Selbstverständnisses und Selbstkonzeptes bereitgestellt werden.

Gegen das Vergessen von Erlebnissen und den Verlust von Erinnerungen beim Älterwerden setzt der Mensch immer schon Reflexion als Verfahren der Aneignung ein. Zwar ist die Vergewisserung seiner subjektiven Wirklichkeit dem erwachsenen Menschen auch stumm möglich, doch gelingt ihm die Aneignung in der Kommunikation und in Beziehung mit anderen leichter.

Das Prinzip des konstruktivistischen Denkens steht im Coaching für alle Reflexionsprozesse, die die eigene Geschichte zum Inhalt haben. Die Rekonstruktion biografischer Erfahrungen bietet eine Vielzahl von Möglichkeiten, aus der eigenen Geschichte zu lernen.

Mentale Modelle hinterfragen!

Ein mentales Modell ist ein Abbild der Wirklichkeit in der menschlichen Wahrnehmung. Gedächtnis, Problemlösung und alle anderen Denkleistungen beruhen auf der Anwendung solcher Abbilder. Vermutlich beruht auch das Textverständnis auf dem Entstehen mentaler Modelle der beschriebenen Situation und nicht auf einem semantischen Abbild (d. h. der Speicherung und Verarbeitung der Wörter).

Hierzu ein Beispiel:

> „Afugrnud enier Sduite an enier elingshcen Unvirestiät ist es egal, in wlehcer Riehnelfoge die Bcuhtsbaen in eniem Wort sethen; das enizg Wcihitge dbaei ist, dsas der estre und lztete Bcuhtsbae am rcihgiten Paltz snid. Der Rset knan ttolaer Bölsindn sien und du knasnt es torztedm onhe Porbelme lseen."

Wie entstehen mentale Modelle?

- Sie entstehen durch Erfahrungen im Kindesalter. Beispielsweise wird der öfter gehörte Spruch „Ein echter Indianer kennt keinen Schmerz!" zur Bildung eines mentalen Modells beitragen.
- Sie entstehen durch Beobachtungen im Kindesalter: Würde sich eine für das Kind wichtige Person beim Radfahren eine blutige Schürfwunde zuziehen, jedoch trotz des Schmerzes so tun, als sei nichts passiert, dann würde die Beobachtung des Kindes über das Verhalten der Person mit hoher Wahrscheinlichkeit zur Bildung eines mentalen Modells führen.

- Sie entstehen durch Gewohnheiten im Alltag.
- Sie bilden sich aus selbst angeeignetem Wissen in Kombination mit unserer Beurteilung desselben.
- Sie bilden sich aufgrund von Einflüssen aus unserer Umwelt (z. B. aus der Werbung).
- Sie bilden sich aus kulturellen Sitten und Bräuchen.

Persönlichkeitsbildung hat immer etwas zu tun mit ...

- Reflexion unserer mentalen Modelle und Denkgewohnheiten (über uns und andere);
- damit, wie man denkt (ob der Coachee eher auf Vergangenheit, Gegenwart, oder Zukunft fokussiert ist) und
- damit, wie man mit seinen Gedanken umgeht (– hat der Coachee einen Zugang zu seinen Gedanken – Zugang zum inneren Dialog – und inwieweit reagiert er darauf?).

Die Pedaktik untersucht im Kontext *dieses* didaktischen Prinzips, welche Einstellungen und Werte der Coachee hat und wie diese sich auf seine Beziehungen zum Kollektiv auswirken.

Dieses Prinzip animiert zum Aufdecken, Aufbrechen und Verändern eigener mentaler Modelle. Mentale Modelle sind tief verwurzelte Annahmen, Verallgemeinerungen oder auch Bilder und Symbole, die großen Einfluss darauf haben, wie wir die Welt wahrnehmen und wie wir handeln. Mentale Modelle sind innere Vorstellungen und (Vor-)Urteile, die jeder Mensch in sich trägt. Sie sind Sichtweisen und Überzeugungen, die Menschen von sich selbst, von anderen und von der Welt und ihren Phänomenen haben. Dieses Prinzip möchte erreichen, dass versteckte, oft unbewusste Vorstellungen und Vorurteile gegenüber sich und anderen Menschen, aber auch gegenüber anderen Ideen und Handlungsweisen, die der Persönlichkeitsbildung enorm hinderlich sind, zum Vorschein kommen und gegebenenfalls verändert werden, sodass man schließlich offen ist für Veränderungs- und Umdenkprozesse.

Mentale Modelle beeinflussen unser tägliches Leben. Sie prägen unser Verhalten, sie geben uns vor, in welcher Art und Weise wir bestimmte Lebenssituationen verstehen, und in der Folge helfen sie uns, Entscheidungen zu treffen. Da viele dieser Modelle bereits in unserer Kindheit und unter verschiedensten Umständen entstanden sind, ist es wichtig, ein Verständnis ihrer Herkunft und Funktionsweise zu entwickeln und jederzeit bereit zu sein, sie zu hinterfragen und gegebenenfalls als Vorurteile zu erkennen und zu korrigieren. Daher sei an dieser Stelle betont, dass *niemand* vor unrealistischen und irreführenden mentalen Modellen sicher ist – beispielsweise bei vorschnellem Urteilen über Menschen oder Gruppierungen, die nicht unserem Kulturkreis entstammen oder unseren kulturellen Normen entsprechen, aber auch in vielen anderen Bereichen.

Die Herkunft unserer mentalen Modelle sollte beim Coaching stets hinterfragt werden. Der Coachee entscheidet jedoch selbst, ob er ein bestimmtes mentales Modell verändern oder beibehalten möchte.

Kontextualisieren!

Im Rahmen der kommunikativen Interaktion im Coaching ist der *Kontext* von Äußerungen und Handlungen ein wichtiger Referenzpunkt für das Erschließen von deren Bedeutung: Zum einen hat der gegebene Kontext (z. B. die Abteilung des Coachees innerhalb einer Firma) Einfluss auf die innerhalb desselben stattfindende Interaktion. Zum anderen bestimmt der Kontext (z. B. das Unternehmen) auch, wie in ihm vorkommende Äußerungen und Handlungen interpretiert werden. Die Vorstellung, dass der Kontext statisch und durch äußere Umstände wie die Struktur des Unternehmens festgelegt sei, wird hier durch das flexiblere Konzept des Kontextualisierens ersetzt. Dieses basiert auf dem Gedanken, dass der Coachee nicht vom Kontext determiniert ist, sondern umgekehrt auch selbst Kontext(e) schafft.

Der Mensch lebt in sozialen Beziehungen und gestaltet sie in gleichem Maße mit, wie er von ihnen „gestaltet" wird. So verhält es sich mit allem, was zu seinem Umfeld gehört, angefangen von seiner Familie über seine Lebenswelt mit ihren Menschen, Vorbildern, Aufgaben, Orten bis hin zu der Zeit und der Kultur, in der er lebt. Zum Kontext kann also alles gezählt werden, was das Umfeld des Menschen ausmacht. Das Prinzip Kontextualisieren will dieses Umfeld thematisieren, um es für den Prozess der Persönlichkeitsbildung dienstbar zu machen. Wichtig daran ist die systemische Sichtweise: Alles ist Kontext – Kontext ist alles.

Dieses didaktische Prinzip wird in der Pedaktik auch als systemische „Diagnostik" betrachtet, mit deren Hilfe Verhalten und Erleben von Menschen (Coachees) im Wechselspiel mit den Systemen reflektiert werden, in denen sie arbeiten (Team, Kundenkreis, Kollegenkreis ...). Im Coaching werden durch das Kontextualisieren die Wahrnehmung, das Denken, das Handeln und die Erwartungen aller Beteiligten innerhalb des Coachee-Gesamtsystems verdeutlicht. Dabei orientiert man sich an den vorhandenen Fähigkeiten und Möglichkeiten (Ressourcen) des Coachees zur Persönlichkeitsbildung und betrachtet die Gegebenheiten des Gesamtsystems daraufhin, inwieweit sie die Ressourcennutzung ermöglichen, fördern oder behindern. Durch Thematisieren des Kontextes kann die Bedeutung eines Themas besser verstanden oder auch verändert werden.

Sich in die Perspektive des Kontextes zu versetzen eröffnet neue Betrachtungsweisen und fördert beim Coachee wichtige Kompetenzen wie Rollentausch und Perspektivenwechsel. Durch das Prinzip des Kontextualisierens wird der Coachee angeregt, sich zu ausgewählten Themenfeldern seines Kontextes Gedanken machen. Durch eine differenzierte Beziehungsmusteranalyse erhält er z. B. Klarheit über diesen Aspekt seines Kontextes und erfährt, wie Nähe und Distanz sowie die Qualität einer Beziehung seine Interaktion beeinflussen.

TEIL II:
PEDAKTIK® – DIE PRAXIS

4. DER DIDAKTISCHE BEZUGSRAHMEN

Wie jede didaktische Theorie muss man auch die Pedaktik in einen Bezugsrahmen setzen, in dem sie zur Entfaltung kommen kann. Im Falle der Pedaktik stehen klassische Anwendungsfelder zur Verfügung:

Pädagogik

Pädagogische Berufe werden gerne von Menschen gewählt, die mit Kindern, Jugendlichen oder Erwachsenen arbeiten möchten. Ihre Arbeit ist auf Bildung und/oder Persönlichkeitswachstum sowie auf die Weiterentwicklung sozialer Beziehungen gerichtet. Für die Lehrenden ist es unverzichtbar, ihre Kompetenzen stetig weiterzuentwickeln und ihre Persönlichkeitsbildung aktiv zu gestalten. Dies gilt für alle Bildungsbereiche gleichermaßen – vom Kindergarten bis zur Hochschule.

Im Zuge der gegenwärtigen Hochschulreform werden immer mehr Studiengänge auf die Bachelor- und Master-Abschlüsse umgestellt. Oft ist diese Umstellung mit einer eher fachlichen Orientierung und „didaktischen Verschulung" verbunden. Die klassischen Studienerfahrungen der persönlichen Selbstorganisation und des eher breit angelegten Studierens gehen dabei mehr und mehr verloren. Hier könnte die Pedaktik eine gute Ergänzung darstellen und die Lücke schließen, die die Umstellung auf die neuen Studienabschlüsse mit sich bringt.

Aber auch in allen anderen pädagogischen Feldern kann die Pedaktik einen wichtigen Beitrag leisten. In der Tätigkeit der Lehrer an Schulen etwa wird Persönlichkeitsbildung auf zwei Ebenen relevant: Wegen des gesellschaftlichen Wandels muss der Lehrer sich auf unterschiedliche Kulturen, Nationalitäten, Bedürfnisse und Vorerfahrungen seiner Schüler einstellen. Diese Heterogenität verlangt auch von ihm ein hohes Maß an Flexibilität und Beweglichkeit. Pedaktik kann zu seiner eigenen Persönlichkeitsbildung beitragen – und zugleich kann sie Leitlinien dazu vermitteln, wie die Persönlichkeitsbildung der Schüler angeregt werden kann.

Therapie

Therapie als *psycho*therapeutische Tätigkeit bedeutet Heilbehandlung der Seele beziehungsweise von seelischen Problemen. Sie bietet Hilfe bei Störungen des Denkens, Fühlens, Erlebens und Handelns. Dazu zählen psychische Störungen wie Ängste, Depressionen, Essstörungen, Verhaltensstörungen bei Kindern und Jugendlichen, Süchte und Zwänge.

Darüber hinaus wird Psychotherapie bei psychosomatischen Störungen angewandt. Der Begriff Psychosomatik bringt zum Ausdruck, dass die Psyche oder Seele einen (im Krankheitsfall schädigenden) Einfluss auf das Soma (den Körper) hat. Immer mehr werden psychologische Behandlungsmethoden *begleitend* zu medizinischen Maßnahmen bei organischen Störungen eingesetzt (z. B. bei chronischen Erkrankungen, bei starken Schmerzzuständen, bei neurologischen Störungen, bei Herz-Kreislauf-Erkrankungen).

Für den Erfolg einer Psychotherapie ist nicht nur bedeutsam, dass der Betroffene ernsthaft dazu bereit ist, sich mit seinen Problemen auseinanderzusetzen und an deren Beseitigung mitzuarbeiten, sondern auch, dass der Therapeut sich auf dem Feld der Persönlichkeitsbildung auskennt und professionelle Beziehungsarbeit leisten kann. Dazu kann ihm die Pedaktik ein wichtiges Konzept liefern. Dies gilt auch für andere therapeutische Berufsgruppen wie Ärzte, Psychologen, Seelsorger, Heilpraktiker ...

Supervision

Supervision ist ein noch junger methodischer Beratungsansatz, der zwei Formen der Bildung miteinander verbindet: Selbsterfahrung und Instruktion. Das Nebeneinander dieser beiden Arten der Reflexion und Wissensvermittlung ist heute in jedem Arbeitsfeld zu finden, wo Menschen mit Menschen arbeiten: Pädagogik, Beratung, Führung ...

Instruktion ist ein Begriff aus der Kommunikationswissenschaft und bezeichnet die Wissensvermittlung von Experten an Lernende und Laien. Der historische Hintergrund: Einst vermittelten *erfahrene* Kollegen ihr berufliches Wissen an die Beruf*seinsteiger*. Ausgelöst durch die Konfrontation mit der neuen professionellen Rolle gerieten Berufseinsteiger nicht selten in Identitätskonflikte. Selbsterfahrung half bei der Überwindung dieser Konflikte, sodass sich ein professionelles Selbstverständnis entwickeln konnte. Aus diesen Anfängen entwickelten sich neue Formen von Beratung, die eine neue Qualität des professionellen Selbstverständnisses ermöglichen.

Supervision integriert jedoch noch zwei weitere, bisher unverbundene Bereiche: die Analyse der *emotionalen* und die Analyse der *institutionellen* Komponente beruflicher Interaktion. Die Definition der Aufgaben von Supervision könnte daher lauten:

- Supervision ist eine Institution, deren erste Funktion es ist, die Psychodynamik von professionellen Beziehungen zu analysieren (seien es Beziehungen zwischen Professionellen

und ihren Klienten oder der Professionellen untereinander, z. B. Teammitglieder).
- Zweitens hat Supervision die Funktion, die Rollenhaftigkeit dieser Beziehungen zu untersuchen. Sie fragt nach den Auswirkungen derjenigen Institution, in der Professional und Klient oder Professional und Professional zusammenkommen, auf deren Beziehungen.
- Drittens vermittelt Supervision diese beiden Analyseebenen und klärt das Zusammen- bzw. Gegeneinanderwirken von psychischen und institutionellen Strukturen in professionellen Beziehungen.

Die Pedaktik ist ideal dazu geeignet, eine didaktische Basistheorie für die Supervision zu liefern: Selbsterfahrung und Reflexion sind ja sowohl in der Supervision als auch in der Pedaktik essenzielle Elemente.

Führungskräfteentwicklung

Deutsche Firmen könnten nach Studien des Bundesarbeitsministeriums und des Kölner Marktforschungsinstituts *Psychonomics* erfolgreicher sein, wenn sie mehr auf ihre Mitarbeiter eingehen würden. (*Badische Zeitung* 28. 12. 07, S. 23) Deren Potenzial und Kompetenz würden in den meisten der 314 untersuchten Unternehmen nicht ausreichend genutzt und gefördert. Doch gerade die Unternehmenskultur mache ein Drittel des Erfolges aus. Daher sei die Entwicklung einer mitarbeiterorientierten Unternehmenskultur unverzichtbar. Denn solch eine Kultur fördere persönliches Engagement, Zufriedenheit und Erfolg. Den größten Einfluss auf das Engagement hätten etwa die Weckung von Teamgeist, das Erleben von Zugehörigkeit und vor allem Wertschätzung und Interesse an der einzelnen Person. Doch nur gut die Hälfte der Beschäftigten fanden in ihrem Unternehmen solche Aspekte der *Mitarbeiterorientierung* wie Führungskompetenz, Fairness, Förderung und Fürsorge wieder. Die *Leistungsorientierung* stand immer noch an erster Stelle der Unternehmenskultur. Die Empfehlung für die Personal- und Führungskräfteentwicklung ist daher klar:

> Führungskompetenz und Persönlichkeitsbildung gehören zu den Erfolgsfaktoren eines Unternehmens und des Managements der Zukunft. Nicht nur *Führungskräfte* sollten in ihrer Persönlichkeitsbildung gefördert werden; sie sollten auch befähigt werden, die Persönlichkeitsbildung ihrer *Mitarbeiter* zu fördern. Nicht allein das Fachwissen zählt, sondern auch die menschliche Kompetenz.

Der erste „Personalentwickler" eines Unternehmens ist die Führungskraft. Mit ihrer Aufgabe der Mitarbeiterentwicklung steht sie selbst in der Verantwortung, die Kultur eines Unternehmens aktiv mitzugestalten und die Persönlichkeitsbildung der Mitarbeiter zu fördern. Personalentwicklung benötigt immer auch einen spezifischen Rahmen, in dem die Mitarbeiter sich entwickeln können. Die Führungskräfte haben daher auch die Aufgabe, förderliche Rahmenbedingungen für ihre Mitarbeiter zu entwickeln. Führung hat direkte (gestaltende) Auswirkungen auf die Unternehmenskultur und gleichzeitig zeigt sich *im* Führungsstil und *durch* ihn die Kultur eines Unternehmens am deutlichsten.

Das Management ist der *zentrale* Erfolgsfaktor von Unternehmen. Das Verhalten und das Selbstverständnis der Führungskräfte prägen in hohem Maße die Kultur einer Organisation und die Leistungsbereitschaft ihrer Mitarbeiter. Den Führungskräften als den Gestaltern, Entscheidern, Experten und Multiplikatoren kommt somit besondere Bedeutung zu. Es liegt an ihnen, eine Strategie zu entwickeln, die Mitarbeiter zu führen und die Weiterentwicklung des Unternehmens erfolgreich zu gestalten. Die Führungskräfteentwicklung sollte daher im Kontext mit der Unternehmensstrategie und der gesamten Organisationsentwicklung konzipiert sein.

Die Erwartungen an Führung, Leitung und Steuerung in Unternehmen verändern sich unter dem Druck kontinuierlich veränderter Rahmenbedingungen und der Erwartungen der Kunden ständig und in hohem Tempo. Sich den Anforderungen des Marktes erfolgreich zu stellen, diese Herausforderung bedingt für die Führungskräfte eine kontinuierliche Weiterentwicklung und Anpassung sowohl ihrer methodischen als auch ihrer persönlichen Kompetenzen und insbesondere ihrer Führungskompetenzen. Führen bedeutet in diesem Zusammenhang, Menschen unter bestimmten Rahmenbedingungen auf Ziele hin zu orientieren, sie zu motivieren und ihnen Unterstützung und Fürsorge zu geben. Führungskräfteentwicklung wird als notwendige Investition verstanden und ist Bestandteil eines kontinuierlichen und konsequenten Qualitätsmanagement- und Entwicklungsprozesses eines modernen Unternehmens.

Ein wirksames Instrument der Führungskräfteentwicklung wird im Folgenden näher erläutert: Am Beispiel Coaching wird die konkrete methodische Umsetzung der Pedaktik exemplarisch erläutert.

5. ANGEWANDTE PEDAKTIK®: COACHING ALS INSTRUMENT DER PERSÖNLICHKEITSBILDUNG FÜR DAS MANAGEMENT DER ZUKUNFT

Wer den Begriff „Coaching" in eine Internet-Suchmaschine eingibt und die Suche auf Seiten aus Deutschland beschränkt, erhält bereits über 20.000.000 Treffer. Da kann man schnell den Eindruck gewinnen, Coaching sei der derzeit am meisten verbreitete und tonangebende Ansatz im Bereich der Personalentwicklung.

Ursprünglich war der Coach ein Kutscher, der seine Pferde schnell und sicher zum Ziel lenkte. Erste entlehnte Verwendungen des Wortes gab es im Sport. Dort ist der Coach nicht nur Trainer der *sportlichen* Fertigkeiten, sondern darüber hinaus auch Begleiter und Motivator. Über den Sport gelangte der Begriff in die Geschäftswelt – und kam so wieder in die Nähe seiner ursprünglichen Bedeutung: Der Coach hat die Aufgabe, eine Führungskraft, einen Fachexperten oder andere Personen in Schlüsselfunktionen darin zu unterstützen, schnell und sicher bestimmte Ziele zu erreichen, sie auf dem Weg dorthin zu begleiten und zu motivieren.

Die Nachfrage nach Coaching-Leistungen in der Wirtschaft ist in den letzten Jahren enorm gestiegen und Coaching als Beratungs- und Entwicklungsinstrument erfreut sich immer größerer Beliebtheit: 85 Prozent von 109 befragten Großunternehmen gaben in einer Studie der *Frankfurter Unternehmensberatung* an, dass sie auf externe Karrieretrainer zurückgreifen. Konzerne wie VW oder BMW unterhalten sogar firmeneigene Coaching-Zentren.

Coaching – was ist das eigentlich genau? Über den Begriff Coaching ist viel geschrieben worden. Oft wird Coaching definiert als individuelle Beratungsform für Fach- und Führungskräfte, die der persönlichen Standortbestimmung und der Unterstützung bei Veränderungsprozessen dient. Immer häufiger wird Coaching aber auch als gezielte Förderung der Selbstwahrnehmung und als Hilfsmittel zur Reflexion gesehen, um so Hilfe zur Selbsthilfe zu leisten. Im Vordergrund stehen die berufliche Rolle bzw. die damit zusammenhängenden aktuellen Anliegen des zu Coachenden (im Folgenden auch Coachee genannt – eine analog dem Begriffspaar „Trainer – Trainee" entstandene Bezeichnung für die gecoachte Person). Die Betonung liegt häufig auf der Interaktivität des Coachings.

Im Mittelpunkt steht – und das ist auch der Kernpunkt eines Coachings – die berufliche Entwicklung und Persönlichkeitsbildung des Coachees. Der Coachee bleibt dabei nicht in einer passiven Rolle, sondern er ist in gleichem Maße gefordert wie der Coach und beide arbeiten „auf gleicher Augenhöhe" zusammen. Dem Coachee wird keine Verantwortung abgenommen. Dadurch unterscheidet sich das Coaching z. B. von zahlreichen Formen der Fachberatung.

Diese berufs- und unternehmensbezogene Anwendung des Coachings hat ihren Ursprung in der Führungskräfteentwicklung. Mittlerweile kommt Coaching auch in anderen Bereichen immer mehr zum Einsatz und hat sich zu einer Art Lebensberatung ausgeweitet (Coaching für Eltern, für Eheleute …).

Ob die Coachees nun neue Impulse benötigen (z. B. Ideen brauchen, das Gefühl haben, in einer gedanklichen Sackgasse zu stecken – eine Aufgabe lösen möchten – Ärger mit Kollegen haben, Motivationsmangel, Dauerstress) oder ein herausforderndes Ziel vor Augen haben (z. B. Projektabschluss, Auslandseinsatz, Weiterentwicklung) – Coaching ist keine Wunderheilung, es liefert keine Patentrezepte. Ein Coach geht davon aus, dass er es mit Menschen zu tun hat, die alle Erfolg versprechenden Fähigkeiten besitzen und sie nur nicht jederzeit wie gewünscht einsetzen können. Diese individuelle Form der Beratung soll helfen, ungenutzte Potenziale zu erkennen, den eigenen Handlungs- und Einflusshorizont zu erweitern und über sich selbst hinauszuwachsen.

Mit Blick auf mögliche Missverständnisse und in Abgrenzung zu anderen Formen der Beratung und Begleitung möchte ich hier nochmals hervorheben, was Coaching *nicht* ist:

- Verkünden von Patentrezepten
- Antrainieren neuer Verhaltensweisen
- Erteilen von Ratschlägen
- Abnehmen von Entscheidungen und Eigenaktivität
- langwieriges Analysieren negativer Erlebnisse der Vergangenheit
- Therapieren von Traumata oder Störungen

**Coaching –
ein Weg zu veränderter Einsicht und neuem Verhalten**

Im Leistungssport besteht die Funktion eines Coachs darin, einen Athleten persönlich zu trainieren, nicht nur körperlich, sondern ganz besonders auch mental. Ob bei Einzelwettkampfarten oder im Mannschaftssport: Die Feinarbeiten, die notwendig sind, um aus einem talentierten Athleten einen echten Winner zu machen, sind Aufgabe des Coachs.

Was im Leistungssport zum Erfolg führt, das kann – wie sich gezeigt hat – auch in anderen Bereichen der Leistungsgesellschaft von großem Nutzen sein. Jemanden fit machen, sensibilisieren und optimal einstellen für den Bereich, in dem er arbeitet: In diesem Sinne findet Coaching spätestens seit Beginn der neunziger Jahre (anfangs noch belächelt) auch in der Personalentwicklung deutscher Unternehmen zunehmend statt. Heute ist es ein ganz wesentliches Instrument in den verschiedenen Einsatzbereichen der Führungskräfteentwicklung.

Doch immer wieder wird die Bezeichnung Coaching auch für eine spezielle Form der „Ratschlag-Beratung" oder für Einzeltraining verwendet. Im Coaching erlernt man dann zum Beispiel, wie man ein Mitarbeitergespräch strategisch führt oder eine erfolgreiche Präsentation gestaltet.

Dies deckt sich allerdings nicht mit dem wissenschaftlichen Verständnis von Coaching und mit der aktuellen Coaching-Diskussion. Das Wort Coaching wird immer noch missbraucht für Vorgehensweisen, die jemand anwendet, um sein Gegenüber zu einer bestimmten Meinung oder zu einem bestimmten Verhalten zu bringen: Führungskräfte „coachen" ihre Mitarbeiter mal ganz kräftig, wenn diese einen Fehler gemacht haben, sie meinen zu „coachen", wenn sie Ratschläge geben, und sie „coachen", indem sie ihren Mitarbeitern Ziele mitteilen, die jene bis Jahresende zu erreichen haben. Dies alles hat jedoch mit Coaching nichts zu tun!

Da Coaching allerdings sehr häufig auch von großen Unternehmen als Instrument zum „Pushen" von Mitarbeitern gesehen wird, ist es notwendig, den Coaching-Begriff noch genauer zu hinterfragen und zu klären. Coaching im hier gemeinten Sinne umfasst die folgenden Aspekte:

- Coaching im hier gemeinten Sinne ist in der Regel eine *„maßgeschneiderte" Personalentwicklungsmaßnahme* für Führungskräfte. (Es kann aber auch für Privatpersonen angeboten werden.) Es ist also keine Beratung „von der Stange", sondern richtet sich nach den individuellen Bedürfnissen des Coachees (oder bei Gruppen-Coaching: nach den Bedürfnissen einer genau definierten Gruppe von Menschen).

Coaching ist ein personenzentrierter Beratungs- und Betreuungsprozess, der berufliche und private Inhalte umfassen kann.
- Coaching unterstützt Führungskräfte vor allem dabei, ihre Rolle im Unternehmen erfolgreich und verantwortlich wahrzunehmen. Dabei werden unternehmensspezifische, soziale und persönliche Aspekte berücksichtigt. Im Vordergrund stehen meist die *berufliche Rolle* und/oder damit zusammenhängende aktuelle Anliegen.
- Coaching findet auf der Basis einer offenen, durch gegenseitige Akzeptanz und Vertrauen gekennzeichneten persönlichen *Beratungsbeziehung* statt, d. h. der Coachee entscheidet sich freiwillig dafür und der Coach sichert ihm Diskretion zu. Denn diese Art von Beratung kann nur dann zum gewünschten Ergebnis führen, wenn der Coachee auch beraten werden *will*, wenn die Atmosphäre konstruktiv und wenn die Beziehung tragfähig ist.
- Coaching zielt immer auf die (auch präventive) Förderung von Selbstreflexion und Selbstwahrnehmung, von Selbstbewusstsein und Eigenverantwortung, auf Hilfe zur Selbsthilfe. „Blinde Flecken" und „Betriebsblindheit" (im buchstäblichen Sinne) werden überwunden, neue Gesichtspunkte kommen ins Blickfeld und in der Folge ergeben sich auch neue Handlungsmöglichkeiten. Ein solches *erweitertes Bewusstsein* kann nicht mit manipulativen Methoden erreicht werden. Daher arbeiten seriöse Coachs mit nachvollziehbaren, transparenten Interventionen.
- Coaching ist kein einseitiges, vom Coach ausgehendes Training, sondern ein *interaktiver Prozess*. Interaktiv bedeutet, dass hier nicht eine „Dienstleistung" am Coachee vollzogen wird, sondern dass Coach und Coachee gleichermaßen gefordert sind und „auf gleicher Augenhöhe" kooperieren.

Der Coach greift nicht aktiv in das Geschehen ein, in dem er dem Gecoachten Aufgaben und Verantwortung abnimmt; er ist vielmehr nur Prozess*begleiter*. Das heißt: Er macht keine vorgefertigten Lösungsvorschläge, vielmehr entwickelt der Coachee während des Prozesses, bei dem ihn der Coach beratend begleitet, *eigene kreative Lösungen*. Im Idealfall lernt er, klare Ziele zu setzen und eigenständig effektive Ergebnisse zu produzieren.

In einer Kombination aus individueller Unterstützung bei der Problembewältigung und persönlicher Beratung hilft der Coach als unvoreingenommener Feedbackgeber. Er drängt dem Gecoachten nicht seine eigenen Ideen und Meinungen auf, sondern sollte stets eine unabhängige Position einnehmen.

- Coaching setzt ein ausgearbeitetes *didaktisches* Konzept voraus, das das Vorgehen des Coachs erklärt und den Rahmen dafür festlegt, welche Interventionen der Coach verwendet, wie die angestrebten Prozesse ablaufen können und welche Wirkungszusammenhänge zu berücksichtigen sind. Dieses Konzept sollte dem Gecoachten so weit transparent gemacht werden, dass Manipulationen ausgeschlossen werden.
- *Ziel* ist immer die Persönlichkeitsbildung und die Verbesserung der Selbstmanagementfähigkeiten des Gecoachten, das heißt, der Coach sollte sein Gegenüber derart beraten bzw. fördern, dass er selbst letztendlich nicht mehr benötigt wird.

Coaching findet in der Regel über mehrere Sitzungen statt und ist zeitlich begrenzt. Es kann auch einmal über einen längeren Zeitraum stattfinden. Da es aber immer das Ziel eines Coachs ist, sich überflüssig zu machen, muss ein Coaching-Auftrag schon von daher zeitlich begrenzt sein.

- Coaching wird praktiziert von Beratern mit psychologischen Kenntnissen, mit Lebenserfahrung und gegebenenfalls mit speziellem Know-how im Kontext der Anliegen des Gecoachten. Der Coach braucht für seine Arbeit fundiertes Wissen und eine „Schnittfeldqualifikation". Dies bedeutet, dass er verschiedene Qualifikationen aus den Bereichen Psychologie, Consulting, Personalentwicklung, Führung und Management in sich vereinigen sollte.

Die historische Entwicklung von Coaching als Instrument der Personalentwicklung und Persönlichkeitsbildung

In der Entwicklung des Coachings lassen sich bisher sechs Entwicklungsphasen erkennen:

1. Als das Coaching Anfang der achtziger Jahre in nordamerikanischen Unternehmen Verbreitung fand, handelte es sich noch um eine eher betriebsinterne Variante von Fortbildung – und zwar durch die Vorgesetzten selbst. Coaching war Chefsache: die zielgerichtete, fachliche Förderung einzelner Mitarbeiter zur Entwicklung ihres Persönlichkeitsprofils und des Motivationspotenzials.
2. In einer zweiten Phase (Mitte der achtziger Jahre in den USA) galt die Aufmerksamkeit der gezielten Karrierebetreuung von Nachwuchskräften für Führungsaufgaben. Gecoacht wurden sie von Mentoren (leitenden Managern), die nicht unbedingt die unmittelbaren Vorgesetzten sein mussten.
3. Ebenfalls Mitte der achtziger Jahre kam die Idee des Coachings nach Deutschland. Anders als in Amerika bezog sich Coaching hier nahezu ausschließlich auf Angehörige des

73

Topmanagements und begann rasch Mode zu werden. Zudem wurde die Beratung von externen Consultants geleistet. Themen waren etwa: Konflikte in der Chefetage, individuelle Führungsprobleme, aber auch Privates (Ehe, Familie) oder allgemein das Auftreten des Managers vor anderen. Geschult wurden die Selbst- und Fremdwahrnehmung und das Kommunikationsverhalten.

4. Ende der achtziger Jahre entstand die Koexistenz externer Berater, die den Topmanagern Einzel-Coaching anboten, und interner Personalentwickler, die die mittleren und unteren Führungskräfte betreuten. Allmählich wurde daraus eine systematische, differenzierte und aufeinander abgestimmte Personalentwicklung für das gesamte Management eines Unternehmens.

5. Anfang der neunziger Jahre entwickelte die „Coaching-Welle" noch differenziertere Methoden, insbesondere als das Team-Coaching aufkam: Arbeitsgruppen wurden durch offenes Gespräch und Feedback zu Teams „zusammengeschweißt". Psychologische Aspekte und gruppendynamische Elemente wurden bewusstgemacht, zwischenmenschliche Konflikte aufgedeckt etc. Team-Coaching begleitete Arbeitsgruppen fortan auch auf nichtfachlicher Ebene.

6. Seit Mitte der neunziger Jahre gehört Coaching nunmehr zu den etablierten Instrumenten (und inflationär verwendeten Schlagwörtern) der Personalentwicklung: Ob es darum geht, Selbstreflexion in der Führungsarbeit zu entwickeln, Kommunikationsfähigkeit zu optimieren, Konflikte in konkreten Projekten sowie im Arbeitsalltag rechtzeitig zu erkennen und zu vermeiden ... – Persönlichkeitsbildung stellt seither das „Kerngeschäft" des Coachings dar.

Pedaktik® als didaktische Basistheorie für Coaching

Eine Didaktik der Persönlichkeitsbildung als Begründungstheorie für Coaching liegt bislang noch nicht vor und es scheint mir an der Zeit zu sein, dass dies nun mit der Pedaktik nachgeholt wird. Coaching hat Hochkonjunktur, nicht nur als Trend, sondern es ist ein existenzieller Bedarf vorhanden. Denn Coaching vermag eine wichtige Lücke zu schließen, die aufgrund der in den vergangenen Jahren zunehmenden Komplexität und steigenden Geschwindigkeit in der Wirtschaft häufig empfunden wird. Doch während in vielen Unternehmen Coaching immer noch zur reinen Leistungssteigerung (im Sinne des Postulats „höher, schneller, weiter") angeboten wird, gehe ich mit der Pedaktik, meinem Ansatz einer Didaktik der Persönlichkeitsbildung als Basistheorie für Coaching einen anderen Weg:

Coaching ist für mich die maßgeschneiderte Erarbeitung von Lösungen für konkret anstehende Probleme im Spannungsfeld zwischen Beruf, Organisation und Privatleben (oder in *einem* der drei Bereiche). Coaching ist daher als begleitende Beratung an der Schnittstelle zwischen erfolgreicher Karriere und erfülltem Privatleben zu sehen und vermag auf diese Weise auch zur persönlichen Sinnsuche einen guten Teil beizutragen.

Kompetenz statt Wissen steht im Vordergrund; mentale Stärke und emotionale Balance sind wichtige Kompetenzen für das Management der Zukunft. Viele Unternehmen versuchen die Bewältigung gegenwärtiger Probleme jedoch immer noch durch weitere Leistungssteigerung und Vermehrung der Wissensinhalte, also durch „Business-Coaching" zu erreichen. Demgegenüber vertritt die Pedaktik® die These, dass es nicht nur das Wissen ist, mit dem wir die anstehenden Probleme zu lösen vermögen, sondern auch und vor allem unsere Verantwortlichkeit und Menschlichkeit.

Denn Erfolg im Leben ist nicht nur Resultat harter Arbeit, exakter Planung oder der ehrgeizigen Realisierung materieller Ziele. Zum Erfolg gehören auch Gesundheit, Lebensfreude, Zufriedenheit und Glück als innere Faktoren einer reifen Persönlichkeit. Hier kommt dem Coaching eine spezielle Fokussierung zu, die normalerweise im Zusammenhang mit Coaching-Theorien nur indirekt oder gar nicht berücksichtigt wird. In *meiner* beruflichen Praxis hat sie allerdings einen hohen Stellenwert: Coaching hat neben den vielen anderen Aspekten auch immer etwas mit Bildung der Persönlichkeit zu tun. Denn das übergeordnete Ziel von Coaching ist Persönlichkeitsbildung. Erst auf dieser Basis können die Grundbausteine von Führung – Disziplin, Entschlossenheit, Mut, Optimismus und Durchhaltevermögen – zu nachhaltigen persönlichen Erfahrungen führen. Diese Zielsetzung wird oft wenig beachtet. Stattdessen wird der Fokus auf Einfluss und Macht gelegt.

Formen des Coachings zur Führungskräfteentwicklung

Führungskräfteentwicklung ist in größeren Unternehmen ein fester Bestandteil der Organisations- und Personalentwicklung und mit eigenständigen Programmen für die Reifungs- und Entfaltungsprozesse der entsprechenden Mitarbeiter verantwortlich. Neben Schulungen, Trainings und Beratungen gewinnt Coaching als ein besonders effizientes Instrument der Führungskräftebildung zunehmend an Bedeutung.

In der Arbeits- und Organisationspsychologie werden drei Formen von Coaching unterschieden:

1. Eine Führungskraft coacht ihre Mitarbeiter. Im Hinblick auf ein bestimmtes Unternehmensziel werden Vereinba-

rungen getroffen, für deren Einhaltung Hilfestellung geleistet wird. Dieser Ansatz ist ebenso ziel- wie inhaltsorientiert, dabei hierarchisch organisiert, mit starker Abhängigkeit der Mitarbeiter, und eignet sich daher wenig für die Entwicklung der *Persönlichkeit*.
2. Ein interner Berater (meist aus der Personalabteilung oder der Abteilung für Personalentwicklung) coacht Führungskräfte oder Mitarbeiter. Die direkte Abhängigkeit der Gecoachten vom Coach ist dadurch gemindert; dafür verbindet alle die Zugehörigkeit zum Unternehmen und daher die Bindung an die gemeinsamen Unternehmensziele, den Coaching-Auftrag, den Ehrenkodex oder das Ethos des Unternehmens.
3. Ein externer Berater coacht Führungskräfte oder Mitarbeiter. Die Vorteile bestehen im Blick des Coachs von außen, in seiner Unabhängigkeit und in seinem umfassenden Know-how, das er mit seinem psychologischen oder wirtschaftlichen Studium und/oder unternehmerischen Erfahrungswissen einbringt. So kann er der persönlichen Entwicklung seines Coachees optimal dienen und ihm durch die Unterschiedlichkeit der Positionen, Vorkenntnisse und Sichtweisen Unterstützung und Orientierung bieten.

Typische Coaching-Anlässe

Führungskräfte stehen heute mehr denn je unter Erfolgsdruck. In beschleunigten und komplexer werdenden betrieblichen Prozessen sind schnelle Entscheidungen und klare, nachvollziehbare Verhaltensweisen gefragt. Ein gutes Führungs-Coaching bietet intensive, kreative Impulse für den Führungsalltag und ermöglicht Feedback durch eine unabhängige Person.

Auch das Bemühen um die Weiterentwicklung und Zukunftssicherung eines Unternehmens kann zur Nachfrage nach Coaching führen. Ein zentrales Ziel von Coaching besteht dann darin, die Lernbereitschaft und Lernfähigkeit der Organisation und der Menschen in ihr so zu fördern, dass sie in der Lage sind, innere und äußere Entwicklungen wahrzunehmen und zu analysieren, um sich diesen Entwicklungen anzupassen und sie zugleich aktiv mitzugestalten. Es geht um die Entwicklung hin zu einer Gesellschaft von lernenden Menschen in lernenden Organisationen.

Zur Konkretisierung dieser grundsätzlichen Intentionen seien hier einige typische Anlässe für Coaching *aus Sicht der Unternehmensleitung* skizziert:

- *Konflikte* innerhalb von Gruppen: Die „Chemie" zwischen einzelnen Teammitgliedern stimmt nicht – herauszufinden ist, woran das liegen könnte ... (im engeren Sinne: schlechte Kommunikation untereinander, im weiteren Sinne: „Mobbing"?).
- *Neu hinzugekommene Mitglieder* des Teams werden nicht integriert. Vielleicht spukt hier ein alter, nicht bewusster Korpsgeist? Oder ist der/die Neue so sehr Solist, dass die anderen sich ausgeschlossen fühlen?
- *Implementierung neuer Werte* – Abwehr derselben nach dem Motto: „Bislang haben wir immer so und so unser Ding gemacht, und zwar gut! Und jetzt kommt diese neue Firmenphilosophie daher und alles soll anders gemacht werden?" Die Anpassung an die neue Ausrichtung eines Unternehmens ist nie leicht, weder kollektiv noch individuell ...
- *Strategische Ausrichtung* der Mannschaft: Die Strategie ist unklar – wer will was und warum? Wer macht die Vorgaben? Was ist das Ziel?
- *Leitwolfproblem* in Folge eines Führungswechsels in der

Gruppe: Neue „Alpha-Tiere" fallen zwar nicht vom Himmel, aber manchmal ziemlich plötzlich ins Gehege einer bestehenden Abteilung. Sie müssen sich durchbeißen oder bringen schon einen Nimbus mit, einen Ruf, der ihnen vorauseilt. Was bedeutet Autorität? Wie sehen die Hierarchien (im vorhandenen Team) aus?

- *Fusion oder Übernahme des Unternehmens:* Wie bei allen Hochzeiten hat man es plötzlich mit einer neuen „Verwandtschaft" zu tun. Passen die „Firmenphilosophien" (Kulturen) wirklich zusammen, gibt es (berechtigte) Vorurteile? „Behalte ich meine Position?" ...
- *Themen- oder Aufgaben(bereichs)wechsel des Teams* – das Prinzip könnte lauten: „Bis gestern haben wir jahrelang erfolgreich Schrauben produziert und ab morgen sollen wir Muttern machen? Nicht mit uns!"
- *Leistungssteigerung der Abteilung, des Teams.* Ein heikles Thema: Der Output entspricht angeblich (laut Controller oder Bilanzen oder Börsenwert des Unternehmens etc.) nicht mehr den Anforderungen. Folgen: Stress, Vorwürfe (nach innen und außen), kollektive Selbstzweifel („Waren wir bisher etwa nicht gut genug?") ...
- *Stärken und Schwächen* – wie objektiv kann eine Führungskraft sich und ihr Team selbst bewerten? Wie sieht es mit dem Selbstbewusstsein aus? Was ist wirklich okay? Was könnte man, ohne Druck von außen, noch verbessern? ...
- *Ein Generationswechsel steht an.* Problemschema: „Der neue Teamchef, die neue Teamchefin ist zehn, fünfzehn Jahre jünger als ich – und von dem/der soll ich mir was sagen lassen?" Oder ein anderes großes Thema der nächsten Jahre und Jahrzehnte: Der Altersdurchschnitt unter den Kollegen wird drastisch steigen (wie in der gesamten Gesellschaft) – steigt dann aber auch adäquat der Einfluss der Älteren? ...

- *Burnout* – wenn nichts mehr geht. Wenn die Kraft erloschen ist, kein Urlaub mehr hilft oder gar der berufliche Weg an ein Ende zu gelangen scheint ... Hier gilt es herauszuarbeiten, was die genauen Gründe sind, welche davon objektiv bestehen, welche subjektiv sind. Was wäre wünschenswert und was steht dem Erreichen dessen im Weg? ...

Zwei konkrete Beispiele für typische *persönliche* Gründe dafür, sich Unterstützung bei einem Coach zu holen:

- Frau X hat Angst vor öffentlichen Auftritten vor einer größeren Zuhörerschaft und bei Präsentationen. Der Coach hilft ihr, Vorträge als Karrierechance aufzufassen, die sie durch gute Vorbereitung positiv für sich nutzen kann.
- Der neue Abteilungsleiter Herr Y hat Schwierigkeiten, seine Vorstellungen bei den Mitarbeitern durchzusetzen. Der Coach kann dabei helfen, einen Bewusstwerdungsprozess anzustoßen, der zeigt, dass der Hauptgrund dafür sein autoritäres Auftreten ist, das bei seinen Mitarbeitern die Kommunikationsbereitschaft schwinden lässt.

Coaching kann grundsätzlich in allen Fragen des beruflichen und persönlichen Lebens helfen, in denen es darum geht, Befähigungen zu entwickeln. Durch die Aneignung einer bewussteren Haltung und deren praktische Umsetzung *wächst* die Persönlichkeit. So geht es beispielsweise nicht darum, einen bestimmten Führungs*stil* zu erlernen, sondern eine Führungspersönlichkeit zu *sein*!

Ein typischer Coaching-Ablauf

1. Wahrnehmen des Bedarfs, Suche nach einem Coach und Erstkontakt
Eine Führungskraft nimmt Handlungsbedarf in Bezug auf die Optimierung ihrer Tätigkeit wahr, sie unterliegt einem gewissen Leidensdruck, möchte etwas verändern und hat dabei das Bedürfnis nach professioneller Hilfe. Sie macht sich auf die Suche nach einem geeigneten Coach. In einem ersten Gespräch sollte das gegenseitige Kennenlernen im Vordergrund stehen. Man trifft sich, bespricht anstehende Themen sowie das mögliche Vorgehen und entscheidet über die Zusammenarbeit. Kann keine gemeinsame Basis gefunden werden und ist dies auch nicht mehr zu erwarten, so endet der Kontakt nach dem Erstgespräch.

2. Vertragsabschluss
In einem Vertrag sollten unter anderem folgende Fragen geregelt werden:
- Zielsetzung(en) des Coachings (soweit bereits absehbar)
- Anzahl und Dauer der Sitzungen
- Abstände zwischen den Terminen
- Ort des Coachings
- Höhe des Honorars
- Aufwandsentschädigung
- Verantwortung und Haftungsfragen
- Vertraulichkeit

3. Klärungsphase, Situationsanalyse und Zielbestimmung
Coachee und Coach lernen einander *näher* kennen und bauen eine vertrauensvolle Beziehung auf. Die Klärung der Ausgangssituation, der Motivation und des Anliegens bzw. der Anliegen des Coachees gibt die nächsten Schritte und die Richtung des

Coaching-Prozesses vor. Aus der Situationsanalyse wird ein Zielrahmen abgeleitet; in diesem Rahmen werden differenziertere Teilziele oder der besondere Zielfokus bestimmt.

4. Interventionsphase

Im Laufe mehrerer Coaching-Sitzungen setzt der Coach meist unterschiedliche Methoden ein, um die Führungskraft bei ihrer persönlichen Entwicklung und Problembewältigung zu unterstützen. Typischerweise werden neue Perspektiven und Handlungsoptionen erarbeitet, deren jeweilige Auswirkungen durchgespielt und verschiedene Alternativen erprobt. Oft werden für die Zeit zwischen den Sitzungen konkrete Handlungsschritte vereinbart.

5. Evaluation

Das wichtigste Moment der Evaluation ist die ständige Reflexion des Prozesses anhand der Zielvereinbarung. Sobald erste Etappen absolviert sind, wird die Zielerreichung überprüft. Das Bewerten der durchgeführten Schritte oder Maßnahmen und das Überprüfen der Zielerreichung stellen im Grunde genommen keine eigene Phase dar, sie sind vielmehr ständige (begleitende) Elemente der Interventionsphase.

6. Abschluss

Nachdem neue Wege im Denken, Fühlen und Handeln erfolgreich ausprobiert, umgesetzt und verankert sowie die gesetzten Ziele erreicht sind, findet ein Rückblick statt. Das Augenmerk gilt dabei dem *Prozess*, dem *Gelernten* und dem *Veränderten*. In der abschließenden Sitzung wird der gesamte Coaching-Prozess reflektiert und eine Bestandsaufnahme des Erreichten durchgeführt. Eventuell gibt der Coach noch Empfehlungen für die Zukunft.

Erfolg versprechende Rahmenbedingungen für Coaching

Vor Beginn eines Coachings sollten einige Essentials sichergestellt werden, ohne die eine sinnvolle Zusammenarbeit nicht möglich erscheint. Sie stellen Grundvoraussetzungen des (Einzel-)Coachings dar:

Freiwilligkeit: Der zu Beratende muss freiwillig auf den Coach zugehen, nicht etwa aufgrund eines Drucks, den ein anderer auf ihn ausgeübt hat (– drastisch formuliert: „Lassen Sie sich coachen – oder Sie können gehen ...!"). Der Beratung Suchende muss ein eigenes Interesse und Motiv mitbringen, sich auf das Coaching einzulassen, sowie die Bereitschaft, an den relevanten Themen zu arbeiten. Der Coach wiederum sollte sich davon überzeugen, dass dies so ist.

Flexibilität: Der Coach muss nicht nur Fachexpertise einbringen, sondern auch ein hohes Maß an Offenheit, Flexibilität und Spontaneität.

Diskretion: Absolut unverzichtbar ist, dass der Coach dem zu Coachenden glaubhaft zusichert, alles, was ihm anvertraut wird, diskret zu behandeln. Im Coaching-Prozess können mitunter auch sehr private oder persönliche Themen eine Rolle spielen. Im Sinne größtmöglicher Offenheit muss die gecoachte Person sich darauf verlassen können, dass nichts nach außen dringt und an Dritte gelangt, die das nichts angeht.

Persönliche Akzeptanz: Wenn die Chemie (aus welchen Gründen auch immer) zwischen dem Beratungssuchenden und dem Coach nicht stimmt, muss nach Alternativen gesucht werden. Von einem Coach, den er innerlich ablehnt, lässt sich niemand etwas sagen. Auf der anderen Seite sollte auch der Coach von der Beratung absehen (und eventuell einen Kollegen empfehlen), sofern er spürt, dass er dem Gecoachten gegenüber nicht neutral sein kann. Das Vertrauen muss wechselseitig sein.

Begegnungscharakter des Kontaktes: Coaching sollte immer in Vier-Augen-Gesprächen stattfinden. Bei Bedarf oder in Ausnahmefällen kann auch eine telefonische Beratung oder Begleitung stattfinden.

Unterstützendes Ambiente: Der Ort des Zusammentreffens sollte neutral und für Coachee wie Coach gut erreichbar sein. Eine störungsfreie, reflexionsfördernde Atmosphäre ist ein entscheidender Erfolgsfaktor.

Zeitliche Begrenzung: Zu Beginn des Coachings sollte ein zeitlicher Gesamtrahmen abgesteckt werden. Da ein Coaching-Prozess sich jedoch nicht genau per Vertrag vorausplanen lässt, sollte von Termin zu Termin neu bedacht werden, wann und wie oft man sich noch trifft. Es sollten auch eindeutige Kriterien für einen eventuellen Abbruch das Coachings vereinbart werden.

Geteilte Verantwortung: Sowohl der Coach als auch die Führungskraft übernehmen in einem Coaching-Prozess Verantwortung. Zu Beginn sollte geklärt werden, wer für was verantwortlich ist.

Verantwortung des Coachs	Verantwortung der Führungskraft
<ul><li>Schaffen eines Schutzraums und eines Klimas der Offenheit und des Vertrauens</li><li>Einsatz eines optimalen personen-zentrierten und problemorientierten Methodenspektrums</li><li>Kontrolle und Reflexion der Fortschritte, die im Verlauf des Coachings erzielt werden</li><li>Einhalten des vereinbarten Kosten- und Zeitrahmens</li></ul>	<ul><li>Bereitschaft, sich auf Lern- und Klärungsprozesse einzulassen und eigene Wahrnehmungs-, Einstellungs- und Verhaltensmuster kritisch zu hinterfragen</li><li>Umsetzen der erarbeiteten Erkenntnisse und Verhaltensalternativen in die Praxis</li><li>Einhalten der Rahmenbedingungen des vereinbarten Coaching-Konzeptes</li></ul>

Die Rolle des Coachs

Aus den Rahmenbedingungen des Coachings ergibt sich, dass der Coach einige potenzielle Rollen tunlichst *nicht* einnehmen sollte: Er ist gegenüber dem Gecoachten weder der verlängerte Arm des Chefs noch eine väterliche Figur oder ein Ratgeber, der alles besser weiß („Ich habe das früher immer so gemacht ...").

Vielmehr ist der Coach ein personenzentrierter Wegbegleiter des Coachees, der sich beispielsweise in seiner Karriere von A nach B bewegt und/oder neue Wege sucht, dabei aber Sackgassen vermeiden möchte. Der Coach muss sehr gut zuhören können und vor allem in einer konstruktiven Beziehung zu dem Gecoachten stehen. Er unterstützt den Coachee dabei, reflexiv über sich, seine Arbeit und sein Arbeitsumfeld nachzudenken; er versucht seine Wahrnehmung zu schärfen (und ihn z.B. aus der Falle der *deformation professionelle* zu befreien oder besser: ihn gar nicht erst in diese Falle geraten zu lassen). Dazu sind Feedback und Rückfragen notwendig.

Der Coach darf dem Coachee nicht die Entscheidung abnehmen, wie er sein(e) Ziel(e) erreichen will. Er bewahrt zuhörend und einfühlend Nähe gegenüber dem Gecoachten. Es ist keineswegs die Aufgabe des Coachs, dem Coachee (in allem) Recht zu geben. Das Beratungsgespräch muss offen sein, es lebt vom beraterischen Spannungsfeld Wertschätzung – Empathie – Konfrontation.

Ein guter Coach besitzt sowohl fachliche als auch methodische und persönliche Kompetenzen. Er verfügt über Kenntnisse der Organisationspsychologie genauso wie über Interventionswissen auf der individuellen Ebene. Je nach Fragestellung kann auch ein betriebswirtschaftliches Know-how notwendig sein.

Aber unersetzlich sind sein reflektiertes Selbstverständnis, sein Menschenbild, seine innere Haltung und seine persönlichen

Kompetenzen: Selbst- und Lebenserfahrung, gute Wahrnehmungsfähigkeit, Beratungserfahrung, eventuell eigene Führungserfahrung, Kreativität, Erkennen komplexer Zusammenhänge, Mut zu kritischem Feedback und nicht zuletzt Humor – also: seine Persönlichkeitsbildung.

Ein weiteres wichtiges Merkmal eines guten Coachs besteht darin, dass er selbst regelmäßig an Supervisionssitzungen teilnimmt. Dadurch kann er die Qualität und seine professionelle Haltung in der eigenen Arbeit kritisch betrachten und erhält selbst neue Impulse. Auch beim Coach sind Weiterentwicklung und Persönlichkeitsbildung Grundvoraussetzungen für eine gute Arbeit.

6. DIE PRAKTISCHE UMSETZUNG DER PEDAKTIK® IM COACHING

Die bisher beschriebenen Aspekte des Coachings gelten generell für *jedes* Coaching im Unternehmenskontext. Was charakterisiert nun den *von mir* vertretenen Coaching-Ansatz?

Den entscheidenden Unterschied macht die Art der didaktischen Hintergrundtheorie aus, also die Begründung dafür, warum welche Methode oder Intervention zu welchem Zeitpunkt angewandt wird. Eine solche persönliche Begründungstheorie hat ein professioneller Coach in jedem Fall – mehr oder weniger bewusst. Oft resultiert sie aus reicher Erfahrung, aus Kompetenz und Intuition. Doch *beschrieben* und damit transparent für die öffentliche Diskussion ist kaum eine. Dies möchte ich nun mit der Pedaktik leisten und sie damit vor allem für das Arbeitsfeld Coaching als eine Art Qualitätssiegel postulieren.

Natürlich dient nicht jedes Coaching ausschließlich der *Persönlichkeitsbildung* einer Führungskraft, aber jedes Coaching sollte unter dem Aspekt der Persönlichkeitsbildung definiert werden – auch wenn scheinbar nur *fachliche* Aspekte den Anlass für einen Coaching-Prozess bilden. Coaching ist an der Schnittstelle zwischen erfolgreicher Karriere und erfülltem Privatleben angesiedelt und vermag auf diese Weise einen guten Teil zu einer Unternehmenskultur beizutragen, die den entscheidenden Wettbewerbsvorteil ausmachen kann.

Wenn ich nun die *einzelnen Elemente* meiner Pedaktik beschreibe, ist dies zunächst nur eine *theoretische, künstliche* Auffächerung von Elementen, die in der Praxis eng miteinander *verwoben* sind. Im konkreten Coaching-Prozess sind alle Ebenen der Pedaktik in jeder Phase gleichzeitig angesprochen: von der Auftragsklärung bis hin zum Abschlussgespräch; von der Begrüßung zu Beginn einer Coaching-Sitzung bis zur Verabschiedung.

Die im Folgenden erörterten didaktischen Elemente werden also nur zum Zweck der Erklärung isoliert voneinander behandelt. Im Prozess der Persönlichkeitsbildung sind sie zirkulär und interdependent miteinander verflochten. Sie sollen hier als didaktisches Konzept beschrieben werden. Dabei gibt es eine Besonderheit: Es gilt die didaktische Zielvorgabe, d. h. sie sind sowohl Ziel als auch Vorbedingung des Prozesses: Diese Elemente bilden einerseits den *Zielfokus* der Persönlichkeitsbildung beim *Coachee* und gleichzeitig sind sie auf der Seite des *Coachs* die *Vorbedingungen* für erfolgreiches Coaching.

Der nachfolgende Einblick in meine praktische Arbeit beinhaltet die Vorstellung bekannter Instrumente des Coachings, die hier aber den einzelnen Elementen der Pedaktik zugeordnet sind. Ich beanspruche keine Vollständigkeit, sondern deute die methodischen Konsequenzen einer Pedaktik im Coaching oft nur an. (Näheres zur praktischen Umsetzung der Pedaktik können Sie in meinen Angeboten – Coaching-Ausbildung oder andere Seminare zu diesem Ansatz – und in weiteren Veröffentlichungen erfahren.)

Da die grundlegenden Elemente der Pedaktik bereits in Teil I vorgestellt wurden, kann ich mich hier darauf beschränken, sie nochmals kurz zu skizzieren und dann ihre wichtigsten Aspekte für den Bereich Coaching aufzuzeigen. Im Anschluss daran gebe ich unter den (nicht streng wissenschaftlich, sondern eher als „Hinweisschilder" zu verstehenden) Überschriften „Methodik", „Linguistik" und „Diagnostik" konkrete Hinweise zur praktischen Anwendung.

Unter dem Stichwort „Methodik" beschreibe ich Techniken, Instrumente oder Vorgehensweisen, mit denen das jeweilige didaktische Element praktisch umgesetzt werden kann.

Unter dem Stichwort „Linguistik" weise ich auf sprachliche Phänomene hin und stelle Gesprächs- und Fragetechniken oder Verhaltensinterventionen vor, die dem jeweiligen didaktischen Element entsprechen.

Unter dem Schlagwort „Diagnostik" (– hier natürlich nicht im medizinischen Sinne zu verstehen!) biete ich jeweils passende Checklisten, Beobachtungshinweise oder Reflexionsimpulse an.

*

Diese erste Systematisierung und praktische Anwendung meiner didaktischen Konzeption, die ich hier vorstelle, soll neugierig machen und für die Relevanz der Pedaktik als Basistheorie des Coachings sensibilisieren.

Die didaktische Intention beim Coaching

Unsere didaktische Intention beim Coaching ist grundsätzlich die Unterstützung der Persönlichkeitsbildung des Coachees durch den Coach. Auch wenn fachliche Themen im Vordergrund stehen (müssen), läuft der Prozess der Persönlichkeitsbildung im Hintergrund mit. Neben dem vereinbarten *inhaltlichen* Ziel bleiben daher auch *didaktische* „Ziele" im Fokus des Coachs – nämlich die Förderung wichtiger Grundbefähigungen der Persönlichkeit, die sie sowohl im Berufsleben als auch im Privatleben als Kompetenzen benötigt. („Kompetenz" meint, wie bereits erwähnt, Fähigkeiten und Dispositionen des Menschen, die ihn in die Lage versetzen, Handlungsziele in gegebenen Situationen aufgrund von Erfahrung, Können und Wissen selbst organisiert zu erreichen – insbesondere bei der kreativen Bewältigung neuer, nicht routinemäßiger Anforderungen.) Diese Intention wirkt in der Führungskräfteentwicklung oft nachhaltiger als die schnelle Lösung punktuell auftretender Probleme.

Aus den Grundbefähigungen der Persönlichkeit können persönliche Kompetenzfelder für die Führungskräfteentwicklung abgeleitet werden. Dabei geht es – wohlgemerkt – um *Entwicklung* und nicht um Zielerreichung; die Grundbefähigungen werden hier nicht als abgeschlossene Resultate definiert, sondern als langfristige, ständige Entwicklungsperspektiven.

Die Förderung der dialogischen Grundbefähigung

Hier wird das Augenmerk auf die Fähigkeit des Coachees gerichtet, mit seinem Gegenüber in Kontakt zu treten und eine Kommunikationsbeziehung aufzubauen. Dabei steht weniger der faktische Gehalt im Vordergrund; wesentlich wichtiger ist die Gestaltung der Kommunikation. Nicht jede Mitteilung führt zum Dialog. Ein Dialog bedarf des Vertrauens und der Offenheit, sich auf Begegnung und Kontakt einzulassen. Eine entscheidende Frage ist also: Kommen Coach und Coachee in einen Kontakt, der über den reinen Informationsaustausch hinausgeht? Da durch Dialog Vertrauen aufgebaut werden kann und soll, ist diese Grundbefähigung sowohl für den *Coach* unverzichtbar als auch als Kompetenz der *Führungskraft*, die in der Mitarbeiterführung auf diese Grundbefähigung angewiesen ist.

Als *Beziehung* wird hier die Qualität der zwischenmenschlichen Zusammenarbeit im Sinne einer intuitiven und affektiven inneren Verbundenheit bezeichnet, die Menschen außerhalb der Inhaltsebene in Dialog bringt. Der Dialog ist geprägt von einer Vertiefung und Intensivierung der Gespräche, durch die Gefühle, Wertungen, Vorannahmen, die das Denken und Handeln lenken, sowie deren Erfahrungsgeschichte bewusst werden können. Daraus entsteht ein tieferes wechselseitiges Verstehen der Dialogpartner und die Möglichkeit, eigene Standpunkte und Haltungen zu verändern. Gerade bei sehr kontroversen Themen bietet sich dadurch die Chance, über das bloße Gegeneinander oder das Aneinander-vorbei-Reden hinauszugehen. Der Dialog ist jedoch nicht nur eine Form der Kommunikation, sondern ein Weg zu grundlegender Transformation – nicht nur von einzelnen Menschen, sondern auch von Gruppen.

Aufschluss über den Coachee geben sein Verhalten und die Art, in der er ein Gespräch gestaltet: Wird eine emotionale Beziehung aufgebaut oder verhält er sich eher reserviert? Ist er unvoreingenommen oder beharrt er auf seinen Standpunkten? Wirkt er authentisch oder scheint sein Verhalten eher aufgesetzt zu sein? Zeichnet er sich durch Ideenreichtum, Kreativität und Lebendigkeit aus, benutzt er griffige Bilder? Ist seine Kommunikation körperbetont, wird sie durch Gestik und Mimik unterstützt? Im Verlauf des Gesprächs spiegelt der Coach den Kommunikationsstil des Coachees, was diesen gemäß der Maxime „Ich erkenne mich selbst erst am Du" in die Lage versetzt, eine neue Wahrnehmung zu erlernen und sich in neuem Licht zu sehen.

Methodik

1. Paraphrasierung
Unter Paraphrasieren wird in der Kommunikationstheorie das sachliche Wiederholen bzw. Umschreiben einer empfangenen Botschaft mit eigenen Worten verstanden. Durch Paraphrasieren wird die ursprüngliche Aussage also nicht verfälscht. Im Gegensatz zur Methodik des aktiven Zuhörens (siehe nächster Abschnitt) wird allerdings auch nicht auf eine emotionale Bot-

schaft eingegangen. Die Paraphrasierung filtert also die emotionalen Anteile heraus und reduziert die Aussage auf den sachlichen Anteil, also die kognitive Botschaft. Das Ziel dabei ist, die Kommunikation auf einer sachorientierten Ebene zu stabilisieren und ein vertrauensvolles Verstehen einzuleiten. Nicht immer sind alle *emotionalen* Anteile einer Botschaft unwichtig für den *Sachverhalt*. Probleme können auftreten, wenn der Redende sich von einem Vorwurf, einer Aussage oder von einer Hypothese persönlich angegriffen fühlt. Oft lassen sich gefühlsmäßige und tatsächliche Bedingungen auch nicht völlig voneinander trennen, sodass der Sprechende mitunter zunächst aktives Zuhören betreiben muss, um später, wenn sich die sachliche mentale Botschaft herauskristallisiert, auf die Paraphrasierung zurückzugreifen.

Paraphrasieren geschieht nicht nur durch die bloße Wiederholung des Gesagten mit eigenen Worten, es kann auch durch die Wahl synonymer Begriffe erfolgen. Die Paraphrase sollte dem Gesprächspartner nicht das Gefühl geben, dass er parodiert oder karikiert wird; sie sollte grundsätzlich mit dem übereinstimmen, was der Gesprächspartner tatsächlich zum Ausdruck bringen wollte.

2. Aktives Zuhören

Unter aktivem Zuhören wird in der interpersonellen Kommunikation die gefühlsbetonte (affektive) Reaktion eines Gesprächspartners auf die Botschaft des Sprechers verstanden. Diese Art der Gesprächsführung legt besonderen Wert auf Begegnung in einem ganzheitlichen Sinn – d. h. unter Einschluss der emotionalen Ebene, der nonverbalen Äußerungen und des gegenseitigen prinzipiellen Wohlwollens. Das aktive Zuhören grenzt sich auf der einen Seite von der weniger direktiven Echo-Technik ab, in der nur mechanisch das letzte Wort des

Gehörten wiederholt wird, und auf der anderen Seite von der direktiver wirkenden Paraphrase, die den kognitiven Anteil der aufgenommenen Botschaft sozusagen „zurückgibt".

Aktives Zuhören heißt konkret: Beginnen Sie Ihren Gesprächsbeitrag, indem Sie wiederholen, wie Sie die Ausführungen Ihres Partners verstanden haben. Damit geben Sie ihm die Gelegenheit zu prüfen, ob das Wesentliche bei Ihnen angekommen ist. Lassen Sie sich ruhig korrigieren, wenn er mit Ihrer Paraphrasierung nicht einverstanden ist. Das ist kein Makel, sondern gehört zu jedem „verstehenden Gespräch".

Falls er Sie korrigiert, versuchen Sie den Aspekt zu erfassen, den Sie „anders verstehen" sollten. Antworten Sie erst dann auf seine Aussage(n), wenn Ihnen der Gesprächspartner zu verstehen gibt, dass Sie ihn vollständig verstanden haben. Außerdem motivieren Sie Ihren Gesprächspartner durch Ihr positives Beispiel dazu, selbst aufmerksamer zuzuhören. So werden Sie mit der Zeit auch die Chance bekommen, persönliche Themen anzusprechen. Bedenken Sie: Dialog ist ohne ein wirkliches Verstehen*wollen* gar nicht möglich.

Widmen Sie Ihrem Gesprächspartner Ihre gesamte Aufmerksamkeit! Vermeiden Sie es, an andere Dinge zu denken. Bleiben Sie beim Thema des Gesagten. Versuchen Sie eine Vorstellung oder ein Bild davon zu bekommen, was Ihnen der andere sagt. Den inneren Zustand des Coachees, seine Bedürfnisse, Gefühle, Empfindungen und Gedanken können wir nur indirekt erfahren: Er wird von ihm verschlüsselt, er teilt sich dem Coach bzw. Berater über sprachliche und nichtsprachliche Äußerungen (Körpersprache) mit. Will der Coach an der Erlebniswelt des Gesprächspartners teilhaben, so muss er dessen Botschaften entschlüsseln.

Der Coach versucht zu verstehen, was der Coachee empfindet, formuliert es mit eigenen Worten und meldet es dem Gesprächspartner zurück. Er sendet dabei keine eigenen Botschaften wie Urteile, Ratschläge, Ermahnungen usw.

Das beste Mittel, sich selbst kennenzulernen, ist der Versuch, *andere* zu verstehen.

Dialog ist schwierig. Nicht nur, weil wir Mühe haben, das zu sagen, was wir meinen, sondern auch deshalb, weil wir oft eben nur miteinander *reden* und nicht aufeinander *hören*. Das Hören wird viel zu oft vernachlässigt. Es gibt einen Unterschied zwischen Hören, Hinhören und Zuhören:

Hören – Hinhören – Zuhören

Hören ohne Hinhören heißt zum Beispiel, mit sich selbst beschäftigt zu sein, nur sporadisch aufzumerken und – während der andere spricht – nur darauf zu warten, dass man selbst wieder etwas sagen kann.

Hinhören ohne Zuhören heißt: aufnehmen, was die andere Person *sagt*, ohne sich zu bemühen herauszufinden, was der andere *meint* oder sagen will.

Wirklich zuhören heißt, sich in den Partner hineinversetzen, ihm volle Aufmerksamkeit schenken und dabei nicht nur auf den Inhalt, sondern auch auf Zwischentöne zu achten.

Beim aktiven Zuhören ist die Aufmerksamkeit nicht nur auf den Gesprächsinhalt des Coachees, sondern auch auf die eigene Beschäftigung, die eigenen Gedanken und die Gelegenheit, zu Wort zu kommen, gerichtet.

Man ist gefühlsmäßig noch unbeteiligt, distanziert und abwartend. Die oder der Sprechende meint fälschlicherweise, ihr oder ihm würde ernsthaft zugehört.

Durch Haltung und Reaktion wird dem Gesprächspartner mitgeteilt, dass es im Moment nichts Wichtigeres gibt, als sie oder ihn.

Richtiges Zuhören heißt also nicht, sich passiv zu verhalten und die Gesprächspartnerin oder den Gesprächspartner reden zu lassen. Richtiges Zuhören heißt: vom Hören über das Hinhören zum aktiven Zuhören zu kommen.

Aktives Zuhören – Gesprächsführung mit 7 Facetten
1. *Paraphrasieren* – Die Aussage wird mit eigenen Worten wiederholt.
2. *Verbalisieren* – Die Gefühle, die Emotionen des Gegenübers werden gespiegelt z. B.: „Das hat Sie maßlos geärgert."
4. *Nachfragen* – „Nachdem Sie dies gesagt hatten, reagierte Hans Meier nicht?"
5. *Zusammenfassen* – So wie im Vorspann eines Zeitungsartikels der Inhalt in geraffter Form vorgestellt wird, kann bei Gesprächen das Gehörte mit wenigen Worten zusammengefasst werden.
6. *Klären* – Unklarheiten beseitigen: „Sie haben gesagt, sie hätten sofort reagiert. War das noch am gleichen Tag?"
7. *Weiterführen* – „Dann hat Ihr Vorgesetzter also das Gespräch gesucht. Wie hat er sich dann verhalten?"
8. *Abwägen* – „War die Belästigung schlimmer als das Nicht-ernst-genommen-Werden?"

Fazit: Dialogische Grundbefähigung heißt Befähigung zum Anteilnehmen im wörtlichen Sinn: Ich nehme die Teile, die mitgeteilt worden sind, an. Das Anteilnehmen hat vor allem mit echtem *Interesse* zu tun. Das Zuhören als solches lässt sich *leicht* optimieren. Wer jedoch *sich* und *seine* Aussagen wichtiger nimmt als die Aussagen der Mitmenschen, der ist – auch wenn er die Techniken des Zuhörens formal beherrscht – nicht schon automatisch ein guter Zuhörer; er bleibt in Bezug auf seine dialogische Grundbefähigung hinter seinen Möglichkeiten zurück.

3. Ich-Botschaften statt Du-Botschaften
In Gesprächen benutzen wir häufig Redewendungen wie diese:

„Lass das doch sein ..."   (BEFEHL)
„Wenn du so weitermachst ..."   (DROHUNG)
„So kann man das nicht ..."   (BELEHRUNG)

„Sie sind …" (URTEIL)
„Warum musst du immer …" (VERHÖR)
„Ich rate dir, …" (RATSCHLAG)

Sätze mit solchen Aussagen nennen wir Du-Botschaften, denn sie enthalten in der Regel eine ausgeprägte „Du"- (oder „Sie"-) Komponente. Häufig werden sie vom anderen als Herabsetzung, als Ablehnung empfunden und provozieren Vergeltungsmaßnahmen. Anstelle der Bereitschaft zur Veränderung rufen sie vielleicht eher Widerstand und Groll hervor. Du-Botschaften mischen sich in das Verhalten, Fühlen oder Wollen des anderen ein.

Das Gegenteil von Du-Botschaften sind Ich-Botschaften. Ich-Botschaften aussenden heißt, mit den Menschen, denen man begegnet, offen, ehrlich und direkt umgehen, ohne sie zu verletzen oder anzugreifen. Dabei sind es drei Komponenten, die eine vollständige Ich-Botschaft ausmachen:

- die sachliche, exakte Beschreibung einer VERHALTENSWEISE oder einer SITUATION: „Sie sind diese Woche bereits zweimal zu spät gekommen …"
- das Benennen eigener GEFÜHLE, die durch die besagte Situation oder Verhaltensweise beim „Sender" der Ich-Botschaft ausgelöst werden: „Ich ärgere mich darüber, weil …"
- das Benennen der AUSWIRKUNG(EN) beim Sender, bei anderen, für den Betrieb: „… weil wir dann immer Ihre Arbeit mit erledigen müssen!"

Eine gute Ich-Botschaft ist wie ein Tatsachenbericht. Sie beschreibt das Verhalten des anderen oder die Umstände, die ein Problem verursachen, ohne (!) jegliche Wertung. Sodann beschreibt sie, wie sich diese Tatsachen emotional auf den Absender auswirken, indem er ehrlich und klar seine Gefühle ausdrückt (– was anfangs gar nicht so einfach ist). Schließlich erfährt der andere etwas über die Auswirkungen und kann so nachvollziehen, dass ein vernünftiger Grund für die Beanstandung besteht.

Wenn Sie versuchen, in der Regel solche *vollständigen* dreiteiligen Ich-Botschaften auszusenden, werden Sie sich anfangs vielleicht ungeschickt und pedantisch vorkommen. Mit zunehmender Übung aber werden Ihre Botschaften immer natürlicher und Sie werden auf die diesbezügliche Kontrolle Ihrer Sprache mehr und mehr verzichten können.

Linguistik

Als eine Art Verhaltensintervention oder als eine Form von Gesprächsführung, die der dialogischen Grundbefähigung entspricht, betrachte ich *die aufmerksame Hinwendung* zum Gegenüber, *das ungeteilte Zuhören* und Eingehen auf das, was er wirklich sagt.

Sprache vermittelt *mehr* als nur Inhalte und kann gleichzeitig auch Quelle für Missverständnisse sein. Daher ist von Dialogpartnern ein *Gespür* für die Sprache gefordert, damit sie das eigentlich Gemeinte ergründen und tieferes Verständnis gewinnen, wie es ein Dialog braucht. Mit anderen umgehen bedeutet, einander begegnen, in echtem Kontakt sein.

Vorschlag für ein Gedankenexperiment:

Haben Sie sich schon einmal gefragt, was Ihr Gesprächspartner macht, während Sie zu ihm sprechen? Vielleicht werden Sie sagen: „Er hört mir zu!" Aber sind Sie sich da wirklich sicher? So sicher ist es nämlich gar nicht, dass Ihr Partner Ihnen wirklich zuhört. Fragen Sie sich doch einmal selbst: Wie oft haben Sie sich schon dabei ertappt, dass während eines Gesprächs Ihre Gedanken abschweifen und Sie eigentlich ganz woanders sind? Manchmal denkt man auch schon über das nächste *eigene* Argument nach und überlegt – während der andere noch erklärt –, was man dagegenhalten will. Also: Woran erkennt man einen *wirklichen* „Zuhörer" überhaupt?

„Teilweise", mit halbem Ohr zuhören heißt eigentlich: *nicht* zuhören! Nur mit geteilter Aufmerksamkeit zuzuhören ist heute gang und gäbe. Schließlich muss man sich auf den nächsten Termin, das nächste Meeting einstellen oder vorbereiten. Die beste Gelegenheit nachzudenken ist (für viele) *dann*, wenn der Gesprächspartner gerade redet. Wer kennt solche Situationen nicht auch aus dem privaten Alltag? Ein Beispiel für viele: Da erzählt eine Frau ihrem Mann vielleicht von ihrem Ärger bei der Arbeit oder von einer Urlaubsidee, während er vor dem laufenden Fernseher sitzt und nur „ … ja, … hmm …" sagt, einzig darauf bedacht, dort nichts zu verpassen …

Es ist aber nicht so, dass Sie dann *gar* nichts mehr mitbekommen von dem, was Ihnen Ihr Partner oder Ihre Partnerin gerade erzählt, denn zuhören und denken (bzw. zuschauen, oder eine andere Tätigkeit) tun wir *abwechselnd*. Schließlich „wissen" wir doch schon im Voraus ganz genau, was uns unser Gegenüber sagen will!

So, nun sind *Sie* also wieder an der Reihe mit dem Reden – und was macht Ihr Gesprächspartner inzwischen? Genau das Gleiche wie Sie? Also nur teilweise zuhören? Woran können Sie das erkennen?

Normalerweise erkennen Sie das daran, dass der Gesprächspartner nur auf Bruchstücke oder Teilsätze Ihrer Botschaft reagiert, manchmal vielleicht auch nur auf Reizwörter, die ihn zu einem Statement bewegen. Das Resultat ist: Wer nur teilweise zuhört, verliert den Kontakt.

Zudem wird oft wenig oder gar nicht *nachgefragt*, was der Gesprächspartner genau *meint*. Man operiert mit Bruchstücken eines Sinnkontextes und *verzerrt* dadurch das Gesagte. In belanglosen Gesprächen mag das nicht weiter schlimm sein. Aber wenn es sich um ein Coaching handelt und wenn dann der Coach selbst sich so verhielte, fühlte der Gesprächspartner sich bald nicht mehr verstanden und es käme leicht zu folgenschweren Missverständnissen und zu einem Bruch des Vertrauensverhältnisses.

Diagnostik

Die nachfolgende Checkliste kann Ihnen zur Einstimmung auf ein Coaching dienen. Es handelt sich um Leitsätze für Coachs zur Realisierung und Förderung der dialogischen Grundbefähigung:

- Sich bewusst vornehmen, sich auf einen wirklichen *Dialog* einzulassen
- Die eigenen Interessen und Motive für diesen Dialog klären
- Sich Zeit nehmen, den passenden Zeitpunkt auswählen
- Eine vertrauensvolle Atmosphäre schaffen
- Konkrete Beobachtungen als Ich-Botschaft formulieren
- Positives erwähnen, Anerkennung aussprechen
- Keine Vorwürfe machen
- Nachfragen und zuhören
- Erkenntnisse und Ergebnisse zusammenfassen
- Auch Stille aushalten
- Unterstützung anbieten („Wie kann ich Sie unterstützen?")
- Eigene Bedürfnisse mitteilen („Es ist mir wichtig, dass ...")
- Eigene Grenzen mitteilen („Ich bin dafür nicht ausgebildet /

nicht der Richtige, aber/und ..." – „Ich weiß im Moment kein Patentrezept, aber ..."
- Vereinbarte Regeln beachten und darin vereinbarte Konsequenzen anwenden
- Den Blick nach vorn richten und kleine, konkrete Schritte vereinbaren
- Mit Humor geht's leichter!

Die Förderung der geschichtlichen Grundbefähigung

Geschichtsbüchern und Zeitschriften ist zu entnehmen, woher wir kommen und welchen kulturellen Einflüssen wir unterliegen. Jeder Mensch – und natürlich auch der Coachee – ist Teil seiner Geschichte, unterliegt ihren Einflüssen und ist in einen Prozess eingebunden, der seine Lebensgestaltungen und Handlungsmöglichkeiten weitgehend bestimmt. Zur Geschichte gehört jedoch nicht nur die jeweilige Entwicklung der Systeme, denen man sich zugehörig fühlt – Staat, Familie, Unternehmen, Verein usw. –, sondern auch die eigene biografische Herkunft und Entfaltung ist ein Teil des zirkulären Prozesses, den wir Geschichte nennen. Dieser Prozess bildet den Rahmen, in dem der Mensch sich positioniert und in dem er seine Denkmuster und Handlungen, also seine Identität, ausrichtet und deutet.

Man ist also der Geschichte nicht einfach nur ausgeliefert: Man ist ein Teil von ihr und hat die Möglichkeit und die Pflicht, seinen Beitrag zu ihrer Gestaltung zu leisten – in dem Wissen um die Vergangenheit und mit Visionen für die Zukunft. In diesem Sinne entsteht durch die Beschäftigung mit der Geschichte auf der einen Seite ein Verständnis für die eigenen Verhaltensweisen und Befindlichkeiten, auf der anderen Seite werden Prognosen ermöglicht – zumindest in Ansätzen.

Die Entwicklung der geschichtlichen Grundbefähigung hat die Erweiterung der Perspektive zum Ziel, indem sie das Bewusstsein des Coachees für den übergeordneten Zusammenhang schärft, der einerseits wesentlich auf ihn einwirkt, den er andererseits aber auch selbst beeinflussen kann. Denn Geschichte ist ein zirkulärer Prozess und der Mensch ist ein Teil davon – als Gestalter und Gestalteter gleichermaßen.

Methodik

1. Biografische Arbeit
Biografiearbeit ist eine Methode persönlicher Entwicklungsarbeit. Durch genaues Hinschauen auf das eigene Leben, auf Vergangenes, Gegenwärtiges und auf das nicht gelebte Leben, unterstützt biografisches Arbeiten den Prozess der Selbsterkenntnis und Persönlichkeitsbildung. In den eigenen Lebenserfahrungen stecken große Möglichkeiten, Kräfte und Impulse, die durch die Biografiearbeit zum Leben werden können.

Biografische Arbeit ist erfahrungsorientiert. Sie gibt dem Coachee die Möglichkeit, über seine Sinneseindrücke eigene Wege zu gehen und eigene Entdeckungen zu machen. Er erkennt sich selbst durch die Arbeit an seinem Lebensweg bewusster und tiefer.

Techniken, die in der Biografiearbeit Anwendung finden (können)

- Einen Lebensweg mit Symbolen, Zeichnungen, Bildern malen und gestalten: Durch diese Art von Arbeit wird der Weg deutlicher sichtbar.
- Skulptur(en) gestalten: Mit unterschiedlichen Materialien wird eine Skulptur modelliert, die Ausdruck für eine bestimmte Lebensphase oder Lebensstimmung ist ...

- Systeme, Situationen oder Probleme „aufstellen": Dieser Ansatz kommt aus der familientherapeutischen Arbeit mit sozialen Systemen. Der Coachee stellt mithilfe anderer Teilnehmer oder mithilfe von Stühlen oder Figuren sein soziales System auf und betrachtet es von außen.
- Rollenspiele: Sie helfen, sich in andere Menschen hineinzuversetzen. Dabei kann der Coach den Rollentausch anleiten. Der Coachee kann die unterschiedlichen Positionen von Menschen einnehmen, die in seiner Biografie buchstäblich „eine Rolle spielen" oder gespielt haben (etwa Wegbegleiter aus dem Bekanntenkreis, die sein Leben mit ihren eigenen Augen – also „mit anderen Augen" – beobachten oder beobachtet haben).

Über die Biografiearbeit können sehr unterschiedliche Zugänge zur eigenen Biografie ermöglicht werden, bis hin zum Verstehen gesellschaftlicher und unternehmerischer Prozesse. Im Coaching kann mithilfe der Biografiearbeit auch größeres Verständnis für die Verhaltensweisen anderer gewonnen werden. Perspektivenwechsel im Alltag wird erleichtert und die Zusammenarbeit im Arbeitskontext des Coachees, also die Kooperation zwischen Führungskraft und Mitarbeitern oder Kollegen wird effektiver. Gerade bei Führungskräften mit Verantwortung für viele Mitarbeiter, die großen Belastungen ausgesetzt sind, führt dies zur Verringerung von Reibungsverlusten.

Biografiearbeit kann Fragen und Prozesse auslösen, die sehr persönlicher Natur sind. Deswegen sollte der Umgang des Coachs mit Techniken der Biografiearbeit von großer Achtsamkeit geprägt sein.

2. Zeitstrahl

Wenn im Coaching die Art und Weise genauer untersucht wird,

in der wir im Allgemeinen unsere Erinnerungen speichern, machen die meisten Coachees die Erfahrung, dass sie das *chronologisch* tun, als wären alle Ereignisse ihres Lebens wie auf einer Linie aneinandergereiht. Oft wird das Leben wie eine lange Schnur, eine Kette oder eben wie eine Linie erlebt. Für manche Menschen ist diese Art der Organisation ihrer Zeit etwas durchaus Bewusstes, für andere geschieht es ganz unbewusst.

Im Coaching erlaubt uns diese Art der Organisation, zu unterscheiden, ob ein bestimmtes Ereignis *vor* oder *nach* einem anderen stattgefunden hat, oder auch, ob wir bestimmte Dinge bereits erledigt haben oder ob es sich um eine „Erinnerung" aus der Zukunft handelt (Erinnerung an etwas, das wir zu tun beabsichtigten).

Der Zeitstrahl ist für die meisten Menschen eine sehr natürliche Metapher, eine bildliche Vorstellung vom Verlauf der Zeit. Oft reden wir auch vom „Strom der Zeit", ein Bild, bei dem die Zeit als dem Verlauf eines Flusses ähnlich angesehen wird, der irgendwo aus der fernen Vergangenheit kommt und über die Gegenwart in eine vage Zukunft fließt. Oder wir reden von unserem „Lebensweg", als wäre unser Leben eine Art Straße, die wir Tag für Tag gehen, ein Weg, der ebenfalls aus der Vergangenheit in die Zukunft führt.

Dieses Coaching-Tool dient dazu, auf leichte Weise alte, hinderliche Gedankenmuster bewusst zu machen, zu hinterfragen und aufzulösen. Das Tool hilft, die Vergangenheit positiv zu nutzen, um neue Wahlmöglichkeiten für die Zukunft zu schaffen.

Der Coach lässt den Coachee auf einer Zeitlinie (visualisiert als Schnur am Boden oder als Linie auf einem Flipchart) alle wesentlichen Stationen des Lebens in chronologischer Reihenfolge markieren. Dabei achtet er auf die jeweiligen Deutungen des Coachees von seinen Erlebnissen und auf die Be-Deutung der Personen, die auf dem Zeitstrahl auftauchen.

Hier beispielhaft eine praktische Anwendung des Zeitstrahls zum Thema: „Meine Kompetenzen, wie sie sich aus meiner Biografie ergeben"

- Auf einem großen Blatt Papier wird eine Linie als „Zeitstrahl" eingezeichnet. (Das Leben einmal als chronologische Linie sehen, um Situationen des eigenen Lebens besser einordnen und einzeichnen zu können)
- Auf den Zeitstrahl werden Altersangaben eingetragen, d. h. die Jahreszahlen der Kalenderjahre, in denen der Coachee bestimmte Rollen in einem System (Institution, Gruppe, Organisation ...) eingenommen hat.
- Zusätzlich wird über dem Zeitstrahl die jeweilige soziale Rolle benannt, die der Coachee eingenommen hat (Schüler, Sohn, Auszubildender, Chef, ...) und unterhalb des Zeitstrahls das entsprechende System, in dem er diese Rolle eingenommen hat.
- Nachdem der Zeitstrahl mit allen relevanten Lebensdaten angelegt worden ist, kann der Coachee in einem zweiten Schritt das „Befindlichkeitsbarometer" dazu einbauen: eine gedachte Linie aus Punkten, die ein Maß für die vorherrschende Stimmung darstellen sollen: Trägt man zu einem bestimmten Ereignis der Biografie den „Stimmungspunkt" genau auf dem Zeitstrahl ein, so entspricht dies einer *neutralen* Stimmung bzw. Verfasstheit. Je weiter man (mit der gedachten Linie aus Stimmungspunkten) noch oben tendiert, desto mehr steigt die Stimmung ins Positive; weiter nach unten fällt sie ins Negative.
- Abschließend werden die Punkte verbunden – eine Kurve entsteht ...

Impulsfragen vom Coach an den Coachee:

- Welche Kompetenzen haben Sie sich in welcher Rolle angeeignet?
- Wie erging es Ihnen in den einzelnen Lebensphasen?
- Was passierte beim Rollenwechsel?
- Was konnten Sie durch die Visualisierungsarbeit am Zeitstrahl erfahren?

Linguistik

Eine wichtige Variante der Gesprächsführung gerade zur Entwicklung der geschichtlichen Grundbefähigung ist das biografische narrative Interview. Ziel des biografischen Interviews ist es, die soziale Wirklichkeit des Coachees für ihn selbst zu verdeutlichen, und zwar in Auseinandersetzung mit sich, mit anderen und der Welt. Der Kern des zu beschreibenden Verfahrens ist das freie Erzählen. Die Bedeutung dieses Erzählens besteht in Folgendem:

- Durch das Erzählen werden übergreifende Handlungszusammenhänge und Handlungsverkettungen sichtbar.
- Es dient außerdem der Verarbeitung, der Bilanzierung und der Evaluierung von Erfahrungen.
- Subjektive Bedeutungsstrukturen bestimmter Ereignisse werden erst im freien Erzählen sichtbar.

Das narrative Interview und dessen gemeinsame Auswertung mit dem Coachee liefern als Ergebnis seine biografische Erfahrung, und zwar in weit größerem Umfang, als dies durch ein standardisiertes Interview möglich wäre. Lebensgeschichtliche Erfahrungen und ihre Aufschichtungen, Relevanzen und Fokussierungen sind für die Identität des Coachees konstitutiv und für ihn auch handlungsrelevant. Die spezifische Gestaltung des narrativen Interviews minimiert das Zurückhalten biografischer Erfahrung des Coachees und bringt den Interviewten zur Darstellung von ihm noch relativ unreflektierter Erfahrung. Die Auswertung des narrativen Interviews erschließt die biografischen Erfahrungen des Coachees über dessen eigene biografische Reflexion und dessen biografische Eigentheorien bzw. Alltagstheorien hinaus.

Das narrative Interview ist ein nicht standardisiertes, in der Art der gestellten Fragen offenes Interview über Erlebnisse des Coachees, also über im weitesten Sinn biografische Inhalte. Die Aktivität des Coachs beschränkt sich beim narrativen Interview auf die Anfangs- und die Endphase des Interviews. In einem solchen Rahmen kann die Antwort des Coachees verschiedene Formen annehmen: die Form des Erzählens von Geschichten, die Form von Beschreibungen oder von Argumentationen. Die Interviewführung zielt schwerpunktmäßig auf die „Darstellungsform" der erzählten, zusammenhängenden Geschichten, auf die „narrativen Sequenzen" in den Antworten des Coachees.

Der Coach regt den Coachee dazu an, ein für ihn wichtiges Erlebnis (z. B. aus seiner „Führungsbiografie") zu erzählen. Dabei verstärkt der Coach den Coachee in seiner freien Assoziation und Erzählung (Neugier und Interesse sind hier wichtiger als Ratschläge und Ergänzungen aus dem eigenen Leben):

„Interessant, und wie ging es dann weiter …?
Gab es eine Vorerfahrung dazu …?
Was ging in Ihnen (in den Beteiligten) vor?
Wie denken Sie heute über das Ereignis?
Das habe ich nicht verstanden, können Sie es bitte noch einmal erzählen?"

In den erzählten Geschichten bringt der Coachee seine Deutung(en) zum Ausdruck. Er rekonstruiert vergangene Erfahrung und bringt sie in einen Zusammenhang. Aus der gegenwärtigen Erinnerung wird die Entwicklung des Stromes vergangener Ereignisse dargestellt: Es wird zunächst die Ausgangssituation geschildert („wie alles anfing") und dann werden aus der Fülle der Erfahrungen die für die Erzählung relevanten Erlebnisse ausgewählt und als zusammenhängender Fortgang von Ereignissen dargestellt („wie sich die Dinge entwickelt haben"), bis hin zur Darstellung der Situation am *Ende* der Entwicklung („was daraus geworden ist").

Die biografisch-narrative Gesprächsführung des Coachs begleitet den autobiografischen Erinnerungsprozess beim Coachee, um ihn in der Vergewisserung seiner persönlichen und sozialen Identität zu unterstützen. Gleichzeitig zielt diese Art der Gesprächsführung auf die Erhöhung des Fremdverstehens durch die zuhörende Person.

Diagnostik

Hier stelle ich weitere Fragen vor, die vom Coach eingesetzt werden können, um die geschichtliche Grundbefähigung beim Coachee anzuregen:

- Was wissen Sie über die Zeit und Kultur, in die Sie hineingeboren wurden? Welche weltpolitischen Themen waren aktuell und wie ist man in Ihrer Familie damit umgegangen?
- Welche regionalen politischen, kulturellen Themen waren aktuell und wie ging Ihre Familie damit um?
- Welche familiäre Situation und welche Werte waren aktuell und wie ging man damit um?

- Wer war Repräsentant dieser Werte und wer war es nicht?
- Wie bewerten Sie diese Erkenntnisse mit Ihrem heutigen Erkenntnisstand und auf welcher Wertegrundlage?
- Welche geschichtliche Erkenntnis werden Sie für Ihre Zukunft übernehmen oder reaktivieren?

Die Förderung der symbolischen Grundbefähigung

Die symbolische Grundbefähigung ist wie die geschichtliche ein Element des Interaktionsprozesses im Coaching. Der Coachee ist bei bestimmten Inhalten stets auf Symbole, symbolische Handlungen oder symbolische Gesten angewiesen. Zwei kleine Beispiele aus dem Berufsleben: Ein Sektempfang zur Begrüßung eines neuen Mitarbeiters sagt mehr aus als die formale Unterweisung per Stellenbeschreibung. Oder: Der Abschluss eines erfolgreichen Projekts wird nicht nur durch den Abschlussbericht, sondern vor allem durch die persönliche Würdigung von Seiten des Auftraggebers besiegelt.

Symbole und Rituale werden zur Komplexitätsreduzierung und Existenzbewältigung benötigt und beinhalten ein Stück nicht direkt darstellbarer Wirklichkeit. Das Symbol ist eine Wirklichkeit ganz eigener Art. Symbole sind konkrete Zeichen oder Bilder (und *Rituale* sind – in ähnlicher Weise – symbolhafte Handlungen), die etwas Nichtfassbares, Allgemeingültiges sinnlich wahrnehmbar und damit verständlich machen. Insofern regeln Symbole das Zusammenleben.

- Sie sind kollektiv, d. h. gültig für eine *Gruppe* von Menschen;
- sie sind integrierend, denn jedes Mitglied dieser Gruppe versteht ihren Sinn, also: auf welchen abstrakten Gehalt oder Sachverhalt sie verweisen;

- sie sind harmonisierend und bieten die Möglichkeit, zwischen Normalität und Abweichung zu unterscheiden.

Rituale erlauben uns, eine Situation emotional zu erfahren und zu spüren. So haben die Trauer, der Schmerz und auch die Wut über den Verlust in einem Beerdigungsritual ihren festen Platz.

Für den Coachee ist eine ausgeprägte und gut entwickelte symbolische Grundbefähigung wichtig, weil sie eine Fähigkeit der Kommunikation darstellt, die seinen Kollegen, Kunden, Mitarbeitern usw. zeigt, dass er in der Lage ist, innerhalb eines Systems (Abteilung, Projekt, Team ...) die vorhandenen Rituale und Symbole zu verstehen und zu verwenden. Typische Situationen, in denen symbolische Rituale vollzogen werden, finden sich in der Lebenswelt einer Führungskraft zahlreich: Begrüßungen und Verabschiedungen, Stellenwechsel, Dank und Lob, Einsatz von Führungsinstrumenten wie Mitarbeitergespräch, Zielvereinbarung und Ähnliches. Es gibt verschiedene Arten von Symbolen: Statussymbole, Abzeichen und Logos, Preise und Urkunden, architektonische Selbstdarstellung, Plakate und Broschüren, Jubiläen und Konferenzen, Vorstands- oder Revisorbesuche, Beförderungen ...

Im Coaching ist die symbolische Grundbefähigung beim Thema *Karriereplanung* sehr gefragt: Wie kann die Schwelle vom Alten ins Neue konstruktiv genommen werden und welche Symbole müssen gesetzt werden? Bei der Übernahme von Führungsverantwortung – sei es bei Generationswechsel, durch altersbedingte Nachfolge innerhalb einer Abteilung oder bei Firmenübergaben, Mergern oder Umstrukturierungen – werden häufig Fehler gemacht, die oft weitreichende negative Folgen für das Unternehmen haben und mit beträchtlichen Zusatzkosten verbunden sind. Nicht allein die Arbeitsplatzbeschreibung und die vereinbarten Ziele sind Garanten für einen guten Start. Die Erfahrungen des Vorgängers, die Geschichten, die im Laufe der Zeit entstanden sind, und auch die guten Wünsche von Bereichsvorstand oder Kollegen sind hilfreich bei der Aufgabe, sich in die vorhandene Unternehmenskultur und das soziale Netzwerk einzufinden.

Fehler können leicht vermieden werden, wenn die Symbole der Unternehmenskultur und die notwendigen Rituale beim Einsetzen und Einführen einer Führungskraft bekannt sind und genutzt werden.

Methodik

Hier wird ein methodischer Zugang vorgestellt, der die symbolische Grundbefähigung fördert. Im Coaching und in der Beratung sind wir ständig auf der Suche nach neuen Methoden und Techniken, um wirkungsvolle Veränderungsarbeit für den Coachee zu initiieren und diesen in schwierigen Lebenssituationen adäquat begleiten zu können. Bewusst eingesetzte und gestaltete Rituale scheinen ein ideales Medium dafür zu sein.

Rituale sind potenziell hochwirksame Mittel zum Bewältigen emotional explosiver Situationen. Beim Coaching geht man davon aus, dass Interventionsformen *dann* besonders wirksam sind, wenn sie nicht ausschließlich auf das Erkennen von Problemen und Veränderungsnotwendigkeiten und deren Umsetzung in Sprache bauen, sondern auf Verankerung der Veränderung im Vorbewussten, im Symbolischen, in der Routine des Alltags wie im affektiven Leben abzielen.

In jedem Unternehmen gibt es wirksame Rituale, die mit einer Verankerung im Unbewussten spielen:

- Warum liegen die Büros des Top-Managements in der obersten Etage?

- Welche Bedeutung hat es, wenn Unternehmen Arbeitszeiterfassungsgeräte installieren?
- Warum verlangt die Firma IBM von ihren Mitarbeitern, konservativ gekleidet zu sein?
- Was bedeutet es, wenn der Vorstand seine Mitarbeiter *persönlich* statt schriftlich über die neue Strategie informiert?

Symbolische Handlungen und Rituale haben Botschaft und Wirkung. Eine wirksame Möglichkeit, an der symbolischen Grundbefähigung zu arbeiten, ist eine Umfeldanalyse des Coachees in Bezug auf vorhandene Symbole und Rituale:

- Wann wird was zu welchem Zweck von wem eingesetzt? Und was passiert, wenn es mal nicht so ist?
- Wie können diese rituellen Handlungen beeinflusst oder ergänzt werden?
- Gibt es unbewusste Rituale, die einen Prozess hemmen oder fördern?

Nach einer solchen Umfeldanalyse folgt das Entwickeln eines Rituals, das mit einer bewussten Intention in den Arbeitsablauf integriert wird, etwa:

- Handschlag zur mündlichen Begrüßung
- Krawatte tragen, wenn ein neuer Kollege kommt oder eine Verabschiedung ansteht ...

Linguistik

Als Technik der Gesprächsführung und der Verhaltensintervention einer Führungskraft bzw. des Coachees wird hier die

Idee der symbolischen Führung empfohlen. Symbolische Führung als Ausdruck einer reifen symbolischen Grundbefähigung des Coachees meint die sogenannte weiche Steuerung durch Geschichten, Umgangsformen, Bräuche, Gebäude, Maschinen, Logos etc. mit Symbolwirkung.

In der Theorie des Geführtwerdens spricht die Organisationspsychologie von *symbolischer* Führung und meint damit die Abkehr von *personalisierter* Führung:

- Symbole, die Bedeutung tragen und Sinn geben, können dem Manager vieles an Kontrolle und Einflussnahme abnehmen.
- Ein Symbol funktioniert dann, wenn es soziale Verbindlichkeit besitzt; es stiftet oder konkretisiert Sinn.
- Personenunabhängige Führung ist in organisatorischen Tatsachen bereits geronnen und wird als Führungsersatz verwendet. Beispiele: Formulare, Umgangsformen, Rituale
- Symbole und Rituale werden zum Führungsinstrument. Beispiel: Benutzen von Slogans, um eine zentrale Vision zu formulieren
- Symbolische Führung ergründet den Sinn von Tatsachen (= von Menschen geschaffene Fakten, egal ob greifbar oder nicht) und verbildlicht diesen.
  Beispiel: die Zeiterfassungsanlage – die Arbeitszeit aller soll auf gleiche Weise kontrolliert werden, um faire Bedingungen zu schaffen. In Organisationen wird koordiniert gehandelt, weil durch Symbole geschaffene Bedingungen die Koordination regeln. Da alle von den gleichen organisatorischen Symbolen umgeben sind, wird das Handeln Einzelner koordiniert, weil es sich am gleichen Sinn ausrichtet.
- Damit Symbole Führungscharakter erhalten, müssen sie von allen akzeptiert und gleich gedeutet werden

- Arbeiten Menschen in einer Organisation zusammen, kann ihr Einheitsgefühl dadurch symbolisiert werden, dass man der Organisation einen Namen gibt.

Der Grundgedanke symbolischer Ansätze ist: Einbettung des Führungsgeschehens in einen umfassenderen theoretischen Rahmen unter Betonung symbolisierter (= Sinn konstituierender) Führung.

Diagnostik

Hier einige Reflexionsfragen zum Anregen der symbolischen Grundbefähigung. Die Aufgabe des Coachs besteht in der Analyse, inwieweit der Coachee mit den Symbolen seiner Kultur umgehen kann. Dazu können einige Reflexionsperspektiven nützlich sein:

- Kann der Coachee sich in der Arbeitswelt mit ihren unterschiedlichen Symbolen souverän bewegen?
- Ist er in der Lage, sich durch Symbole zu verständigen?
- Kann er sich auch in einer fremden Kultur, in einem andersartigen System zurechtfinden und die entsprechenden Symbole dekodieren?
- Wie groß ist seine Fähigkeit, sich souverän in verschiedenen sozialen Gruppierungen zu bewegen und diese zu gestalten?
- Welche Rituale werden in der Abteilung / im Unternehmen eingesetzt in Bezug auf: Führung / Macht / Beeinflussung / Orientierung / Sicherheit und Zugehörigkeit?
- Welche Rituale erfüllen welchen Sinn ...
  ... für das Unternehmen?

... für den Erfolg?
... für die Mitarbeiter?
... für das Management?
- Welche symbolhaften Handlungen oder Rituale würden den Ausschluss aus dem sozialen System (Team, Unternehmen ...) nach sich ziehen?
- Welche Symbole wurden vorgefunden, weiterentwickelt, neu installiert, vernachlässigt und/oder neu geschaffen?
- Welche Symbole und Rituale entsprechen dem Coachee, welche widerstreben ihm und warum?

Die Förderung der dialektischen Grundbefähigung

Mit Dialektik ist hier *nicht* eine Ebene, Kategorie, Struktur oder ein Prinzip der Kommunikation(swissenschaft) gemeint, sondern hier wird die Fähigkeit angesprochen, mit Spannungen umzugehen, die durch entgegengesetzte Anforderungen zweier polarer Seiten entstehen. Dialektik ist die Lehre von den Gegensätzen in den Dingen bzw. den Begriffen sowie vom Auffinden und Aufheben dieser Gegensätze.

Welche Führungskraft kennt nicht das Gefühl, zwischen zwei Stühlen zu sitzen, weil schier unüberbrückbar scheinende Diskrepanzen zwischen den Wünschen der Untergebenen und den Anweisungen der Vorgesetzten bestehen? Oft entsteht auch Planungsunsicherheit, weil eine unternehmensstrategische Neuorientierung es unmöglich macht, den Gesamtkontext zu durchschauen. Häufig wird als Ausflucht aus einer solchen spannungsgeladenen Situation der vermeintlich einfachere Weg gewählt, nämlich eine Art Opferhaltung einzunehmen, sich selbst als Spielball unverständlicher Anweisungen „von oben" darzustellen und aufkommende Konflikte zu delegieren. Demgegenüber scheint es vielen unbegreiflich zu sein, dass es möglich ist, solche Spannungen auszuhalten, Entscheidungen mitzutragen und dennoch souverän in seiner Rolle zu agieren, ohne das als übermäßige Belastung zu empfinden – und womöglich durch diese permanente Herausforderung seine (psychische) Gesundheit aufs Spiel zu setzen.

Durch die Entwicklung der dialektischen Grundbefähigung wird eine Führungskraft oft zur „paradoxalen Persönlichkeit", die ihre Schaffenskraft aus der Fähigkeit schöpft, gegensätzliche Eigenschaften gleichzeitig wahrzunehmen und zu leben. Was vom Verstand her unmöglich erscheint, lässt sich tatsächlich durchaus meistern: gleichzeitig flexibel und doch beharrlich zu sein; eine Aufgabe entspannt und dennoch konzentriert zu bewältigen; oder sich emotional und künstlerisch auf eine Sache einzulassen, dabei aber trotzdem eine pragmatische Distanz zu bewahren. Als relativ einfach demgegenüber erweist sich die „polare Integration", wenn die Gegensätze „kompatibel" sind, sich also durchaus unter *einen* Hut bringen lassen: Ein Interesse an Technik schließt das Interesse an der Natur nicht aus, Angst und Männlichkeit passen zweifellos zusammen.

Auf der nächsten Seite folgt eine Übersicht einiger Dilemmata aus dem Führungsalltag.

Wenn wir uns fragen, wie die dialogische, die geschichtliche, die symbolische und die dialektische Grundbefähigung sich zueinander verhalten, so bilden Dialog, Umgang mit Geschichte und Symbolik die Basis, auf der die dialektische Fähigkeit, innerhalb von Spannungen zu leben und zu wirken, aufbaut. Insofern lässt sich letztere durchaus als Zeichen von Reife in der Persönlichkeitsbildung betrachten.

Führungsdilemmata

Objekt Mitarbeiter als Kostenfaktor, Mittel zum Zweck, Leistungsträger	↔	**Subjekt** Mitarbeiter als Mitmensch und Partner, mit Eigeninitiative und Selbstbestimmung
Gleichartigkeit Gerechtigkeit, Arbeitskraft	↔	**Einzigartigkeit** Individualität, Stärken und Schwächen
Bewahrung Konstanz, Stabilität, Tradition	↔	**Veränderung** Erneuerung, Entwicklung, Flexibilität
Ordnung Durchschaubarkeit, Regelhaftigkeit, Berechenbarkeit	↔	**Freiheit** Kreativität, Impulsivität, Selbstständigkeit
Herausforderung Belastung, persönliche Entwicklung	↔	**Fürsorge** Zufriedenheit, Wohlbefinden
Zurückhaltung Status, Vorrecht, Distanz	↔	**Offenheit** Spontaneität, Partnerschaft, Vertrauen, Nähe
Sachlichkeit Aufgaben, Ziele, Probleme	↔	**Emotionalität** Wärme, Nähe, Spontaneität
Kontrolle	↔	**Vertrauen**
Individuelle Entscheidung „Great Man"	↔	**Kollektive Entscheidung** „Basisdemokratie"
Extrinsische Motivation Anreiz, Belohnung, Nutzen	↔	**Intrinsische Motivation** Werte, Grundhaltungen, Normen
Konkurrenz Wettbewerb, Konflikt, Dynamik	↔	**Kooperation** Geduld, Freundlichkeit, Hilfsbereitschaft

Methodik

Zur Unterstützung der dialektischen Grundbefähigung bieten sich die im Folgenden genannten Methoden an.

Im Coaching wird die Methode der polaren Integration für die Persönlichkeitsbildung genutzt: Es wird ein persönliches Entwicklungsziel aufgestellt, indem man von zwei Merkmalen ausgeht, die gegenläufig sind (empirisch negativer Zusammenhang), und diese als polar zusammengehörig postuliert (Überführung in einen positiven Zusammenhang).

Als methodischer Zugang sei hier das Wertequadrat vorgestellt. Das Wertequadrat hat Friedemann Schultz von Thun entwickelt. Er geht davon aus, dass jeder Wert (jedes Leitmerkmal, jedes Persönlichkeitsmerkmal) nur dann konstruktiv wirksam werden kann, wenn er sich in Balance mit einem positiven Gegenwert befindet. Beispiel: Das Streben nach Produktivität kann also in konstruktiver Balance zum Streben nach Menschlichkeit stehen, beide schließen einander nicht aus. Oder: Sauberkeit gibt es nicht ohne Schmutz und Moral nicht ohne Verbrechen.

Der Mensch steht immer in solchen dialektischen Spannungsverhältnissen. Ohne eine solche ethische Balance, d.h. ohne einen positiven Gegenwert, verkommt jeder „allein gelassene" Wert zu seiner entarteten Form oder zu einer maßlosen Übertreibung, die ihn auch entwertet.

Ein weiteres Beispiel ist die Sparsamkeit, die ohne ihren positiven Gegenwert Großzügigkeit zum Geiz verkommt; umgekehrt gerät aber Großzügigkeit ohne Sparsamkeit zur Verschwendung. Besonders relevant für Kommunikationsprozesse ist das in der folgenden Grafik veranschaulichte Spannungsverhältnis zwischen den Polen Vertrauen und Misstrauen, wie es wohl in allen sozialen Beziehungen kritisch werden kann:

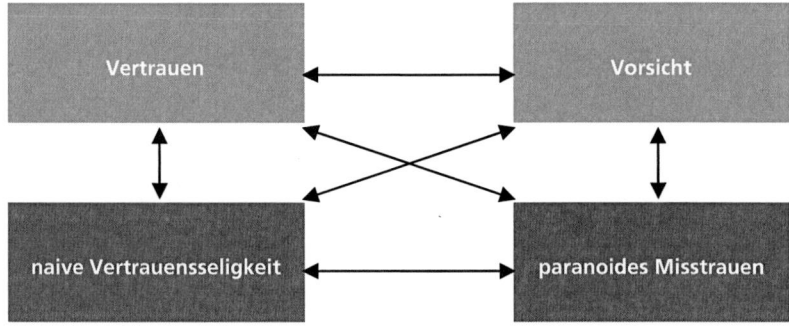

Eine solche bildliche Darstellung schärft den Blick dafür, dass sich in einem beklagten Fehler nicht etwas „Schlechtes" („Böses", „Krankhaftes") manifestieren muss, das es „auszumerzen" gilt. Vielmehr lässt sich darin immer auch ein positiver Kern entdecken, dessen Vorhandensein zu schätzen ist; allein dessen *Überdosis* („des Guten zu viel") erscheint uns problematisch. Zum anderen ist damit die Überzeugung verbunden, dass jeder Mensch mit einer bestimmten erkennbaren Eigenschaft immer auch über einen "schlummernden" Gegenpol verfügt, den er in sich wecken und zur Entwicklung bringen kann. Wobei das angepeilte (kreative) Ideal keine *statische*, sondern eine *dynamische* Balance ist.

Als weiteres Beispiel sei die Kontaktfähigkeit genannt, die durchaus kontrovers betrachtet werden kann (s. Grafik S. 109).

Linguistik

Kennen Sie diese Scherzfrage?:

Wie bringt man eine widerspenstige Kuh in den Stall? – Zwei Möglichkeiten fallen einem da spontan ein: Entweder ziehe ich sie am Halsband oder ich schiebe sie von hinten ...
Was aber, wenn beides nicht funktioniert, weil die Kuh sich wehrt? – Zieh die Kuh am Schwanz und sofort läuft sie in die **entgegengesetzte** *Richtung, also geradewegs in den Stall!*

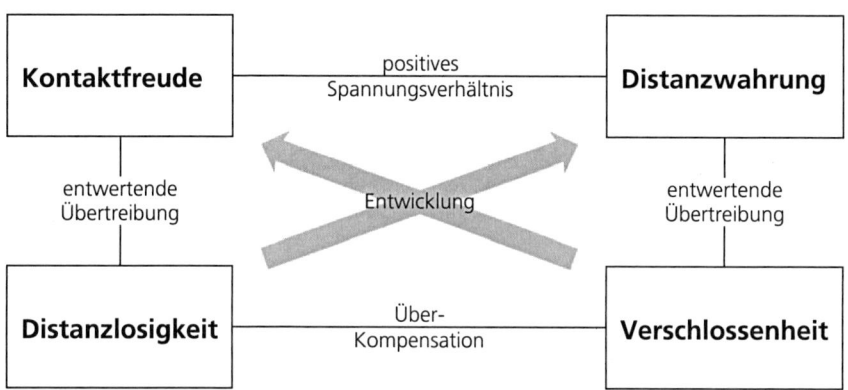

Hier werden als Verhaltensinterventionen die paradoxe Intervention und das zirkuläre Fragen vorgestellt, die als Techniken der Gesprächsführung die dialektische Grundbefähigung fördern. Beide Techniken verlangen vom Coachee das Verlassen seiner linearen und kausalen Wenn-dann-Logik.

Paradoxe Intervention
Im Rahmen der *paradoxen Intervention* wird der Coachee humorvoll angewiesen, seine am meisten *gefürchteten* Verhaltensmuster herbeizuwünschen bzw. selbst in die Tat umzusetzen. Eine paradoxe Intervention ist oft auch eine Verschreibung des *Gegenteils* dessen, was der Coach erreichen will. Wenn es für eine Veränderung nötig ist, dass ein bestimmtes Verhalten *nicht mehr* gezeigt wird, so wird genau dieses Verhalten *verschrieben*: Machen Sie weiter so!

Paradoxe Aufgaben sind überall dort angebracht, wo soziale Systeme wie Teams oder Unternehmen sich den unmittelbaren Wegen zur Veränderung und Persönlichkeitsbildung versperren oder wo solche wirkungslos sind. Wo Systeme durch dysfunktionale Muster zusammengehalten werden, wird jede Veränderung als Bedrohung der Stabilisierungsregeln empfunden. Insofern verschreibt man das, was sie ohnehin machen. So habe ich beispielsweise einmal einem Vorgesetzten, der sich zwanghaft um seinen Mitarbeiter kümmerte, ihn also kontrollierte, vorgeschlagen, sich täglich 1 Stunde „Sorgezeit" zu reservieren, um die Arbeiten seines Mitarbeiters zu kontrollieren. In der nächsten Sitzung kam er und berichtete, dass er das einmal gemacht habe und dann sei es ihm zu dumm gewesen: Der Mitarbeiter habe doch seinen Job zu machen und er müsse sich auf ihn verlassen können ... Danach führte er seine überzogene Kontrolle auf ein normales Maß zurück.

Zirkuläres Fragen
Das zirkuläre Fragen ist ein wichtiges Element des Coachings. Diese Gesprächstechnik hat das Ziel, zirkuläre Prozesse in Beziehungssystemen aufzudecken und dadurch starre Interaktions- und Kommunikationsmuster zu lösen. Durch diese Fragetechnik verhilft der Coach dem Coachee dazu, innerhalb des Systems verschiedene Perspektiven und Positionen einzunehmen und somit Einblick in die Sichtweisen und Beweggründe von Kollegen, Vorgesetzten oder Mitarbeitern zu bekommen.

Die dabei gewonnenen Erkenntnisse erlauben eine neue Bewertung der Haltung und der Handlungsmöglichkeiten gegenüber bestimmten Situationen und Verhaltensweisen von Menschen und ermöglichen es, Konfliktsituationen zu lösen. Die Entweder-oder-Haltung kann zugunsten der Sowohl-als-auch-Haltung aufgegeben werden.

Hier einige zirkuläre Fragen, die den Coachee aus seiner persönlichen Perspektive lösen, sodass er sich in die Perspektive seines Beziehungssystems begeben kann:

Perspektive der Mitarbeiter

- Was glauben Sie, was ist für Ihre Mitarbeiter die wichtigste Veränderung?
- Für welche Ihrer Mitarbeiter ist die Veränderung am meisten wahrnehmbar? Für welche weniger? Welche Aspekte der Veränderung würde wer am meisten betonen?
- Wenn ich Ihren Chef fragen würde: Was würde er sagen, was für die Mitarbeiter die wichtigste Veränderung darstellt?

Perspektive der Führungskraft

- Wie würde Ihr Chef das Verhältnis von Aufwand und Nutzen dieses Coachings beschreiben? Woran würde er den Aufwand festmachen? Wie würde er den Nutzen beschreiben? Würden die Mitarbeiter dieser Beschreibung zustimmen?
- Wann war für Ihren Chef der Moment, als er entschieden hat, dass das Coaching bei Ihnen wirklich was bringt? Woran machte er das wohl fest?
- Was war für Ihre Führungskraft der größte Rückschlag?
- Wenn ich Ihre Kollegen fragen würde: Was würden die mir sagen, über welche Veränderung sich ihr Chef am meisten freut?

Perspektive der Ehefrau

- Was ist Ihrer Frau in diesem Prozess besonders wichtig gewesen?
- Woran macht Ihre Frau den Erfolg des Coachings fest? Angenommen, ihre Frau hätte nicht gewusst, dass wir uns über diese Themen unterhalten: Woran hätte sie gemerkt, dass Sie etwas bewegt haben?
- Würde Ihre Frau sagen, der Aufwand und der Nutzen stehen in einem guten Verhältnis?

Zum Abschluss auch die eigene Perspektive des Coachees:

- Was ist für Sie persönlich die wichtigste Veränderung?
- Wenn ich Ihre Frau fragen würde: Was glaubt sie, was für Sie persönlich das Wesentliche am Coaching war? Was denkt sie, was Coaching für Sie so wertvoll macht?
- Was würde wohl ihre Führungskraft vermuten, was für Sie den Erfolg des Coachings ausmacht? Wie schätzt Ihr Chef das Verhältnis von Aufwand und Nutzen für Sie persönlich ein?

Am Ende werden aus jeder Perspektive einige zentrale Aussagen auf dem Flipchart festgehalten und mit dem Coachee besprochen.

Diagnostik

Zum Abschluss nun noch einige Reflexionsimpulse, die die dialektische Grundbefähigung unterstützen:

- Finden Sie Gegensätze oder Widersprüchlichkeiten Ihres Erlebens in ihrem Arbeitskontext!
- Finden Sie Gegensätze oder Widersprüchlichkeiten Ihres Handelns in ihrem Arbeitskontext!
- Welche Widersprüchlichkeiten werden unnötigerweise als gegensätzlich empfunden (von ihnen selbst oder von ihrer Umwelt)?
- Welche Integration oder Auflösung der Widersprüchlichkeiten wäre für Sie positiv und erstrebenswert (und könnte somit ein persönliches Entwicklungsziel für Sie darstellen)?

Die didaktische Haltung beim Coaching

Der Coach ist mit seiner Präsenz und Haltung sozusagen die stärkste Intervention im Coaching-Prozess. Als Coachs sind wir immer Teil des Prozesses. Um mit dem Coachee in Beziehung treten zu können, müssen wir auch mit uns selbst in Kontakt sein, damit wir das Coaching gezielt über uns selbst beeinflussen können – über unsere innere Haltung.

Unsere Haltung dient sozusagen als Beziehungsrahmen, um dem Coachee diese drei Entwicklungsschritte zu ermöglichen:

- Entwicklung hin zu mehr Selbstbestimmung
- Entwicklung hin zu mehr Erfahrungsoffenheit
- Entwicklung hin zu mehr Selbstvertrauen

Dementsprechend müssen die folgenden Aspekte oder Grundmerkmale unserer Haltung als Bedingungen (Voraussetzungen) gelingender Persönlichkeitsbildung im Coaching gelten:

- Achtung
- Respekt
- einfühlendes Verstehen
- Wahrhaftigkeit.

Die Haltung der Wahrhaftigkeit bedeutet Respekt und Achtung vor der Person des Coachees. Diese Haltung einzunehmen ist möglich, wenn der Coach von der grundsätzlichen Annahme positiver Entwicklungsmöglichkeiten des Menschen ausgeht. Ein solch bedingungsfreies Akzeptieren bedeutet auch Bereitschaft zur engagierten Anteilnahme, Sichsorgen und echtes Interesse an der Situation des Coachees. Eine positive Haltung einzunehmen bedeutet, dem Coachee in der Offenheit seiner Möglichkeiten zu begegnen. Bedingungsfreies Akzeptieren hat die Funktion eines Appells an die kreativen und konstruktiven Potenziale des Coachees.

Fehlt in der Schilderung des Coachees von seiner (thematisierten problematischen) Situation sein innerer Bezug dazu, seine emotionale Betroffenheit, die persönliche „Be-deutung", die das Geschilderte für ihn hat, so versucht der Coach, über seine *Einfühlung* etwas zur Klärung beizutragen. In seltenen Fällen wird der emotionale Aspekt, die innere Betroffenheit, Verletztheit oder Angst, zuerst gezeigt und die zugehörigen Fakten der „Geschichte" werden erst nachgeliefert. Für einen erfolgreichen Prozess braucht es jedenfalls *beide* Anteile, den persönlich betreffenden, emotionalen, „inneren" Anteil (Psycho-Logik) und den kognitiven, faktenbezogenen, „äußeren" Teil (Sach-Logik). Man beobachtet, hört zu, konkretisiert, bietet vorsichtig einfühlendes Verstehen an, das manchmal nahe an Interpretationen herankommt, und regt den Coachee an, beide Ebenen zu klären: die äußere Seite des Geschehens und die affektive Konnotation. Einfühlendes Verstehen heißt, über entsprechende Interventionen emotionale und kognitive Ressourcen des Coachees zu erschließen, anzusprechen, „anzufühlen", sie zu wecken und sie damit für ihn spürbar, bewusst und nutzbar werden zu lassen. Der Coachee gewinnt an Stärke, an Handlungs- und Lösungskompetenz, weil er in diesem Verstehensprozess seine Wahrnehmungen und Gefühle neu ordnen und zuordnen kann.

Methodik

Hier werden drei verschiedene methodische Haltungsvariablen vorgestellt, die der didaktischen Haltung im hier beschriebenen Sinne entsprechen.

1. Wahrhaftigkeit (Authentizität, Kongruenz, Echtheit, Aufrichtigkeit) bedeutet:

- sich so zeigen, wie man gerade ist
- den anderen weder wissentlich noch unwissentlich etwas vormachen, also glaubwürdig sein und keine Fassade zeigen
- sich ungekünstelt verhalten, nicht schablonenhaft
- kreativ und spontan sein
- andere Menschen mit der eigenen Erlebniswelt konfrontieren
- Störungen ansprechen

Woran man merken kann, dass Wahrhaftigkeit fehlt

- Jemand stellt sich als größer/besser dar, als er es eigentlich ist. (Profilieren)
- Jemand stellt unbewiesene Behauptungen auf, um sich in ein gutes/besseres Licht zu stellen. (Bluffen)
- Jemand hält mit seiner Meinung hinterm Berg. (Taktieren)
- Jemand emigriert innerlich. (Resignation)
- Jemand verleiht seinem Ärger keinen Ausdruck.

2. Respekt (Akzeptanz, Wertschätzung, Anerkennung, Beachtung, Anteilnahme) beinhaltet:

- eine positive Einstellung gegenüber anderen
- Interesse an den Personen und ihren Meinungen
- Respekt vor ihrer Andersartigkeit
- Aufmerksamkeit für die Personen und den Prozess der Besprechung
- Wertschätzung

Woran man bemerken kann, dass Respekt fehlt:

- vorgefertigte Bilder über andere
- abwertende Formulierungen („Dass dieser Vorschlag gerade von Ihnen kommt, wundert mich überhaupt nicht.")
- persönliche Kritik, ohne sich der Person wirklich zuzuwenden
- Abwehrhaltung gegenüber andersartigen Meinungen

3. Empathie (Einfühlungsvermögen) bedeutet:

- emotionales Verstehen
- sich in die innere Erlebniswelt des anderen versetzen (vorstellen, wie er seine Arbeit macht oder wie er mit Problemen umgeht)
- zwischen den Zeilen lesen (Das Gesagte ist nur die halbe Geschichte ...)
- die Stimmung hinter den Worten erfassen
- auf Körpersprache achten, um die Bedeutung jenseits des Gesagten zu erfassen
- Voraussetzung für Empathie ist das aktive Zuhören, die konzentrierte Aufmerksamkeit, die sich darauf richtet, das *Gemeinte* zu erschließen und nicht nur das Gesagte wahrzunehmen.

Woran man merken kann, dass Empathie fehlt:

- Die Gesprächspartner können nicht zuhören, reden aneinander vorbei.
- Konflikte werden nicht wahrgenommen oder machen sich im Hintergrund als störende Faktoren bemerkbar.
- Man hört einander zu, ohne zu verstehen, oder man versteht nur vordergründig.
- Unklarheit über Motive, Ziele und Interessen einzelner Teilnehmer stört den Prozess.

Linguistik

Zur Umsetzung der didaktischen Haltung gibt es in der Praxis des Coachings neben den methodischen Haltungsvariablen die dazugehörigen Verhaltensinterventionen:

- Zum Respekt gehören die Verhaltensinterventionen Bemühen und Folgen;
- zur Empathie gehören das Begleiten, das Teilen und das Halten;
- zur Wahrhaftigkeit gehören das Führen und die Konfrontation.

Diese im Folgenden beschriebenen Verhaltensinterventionen machen noch einmal deutlich, dass der Coach mit seiner Haltung und seinem Verhalten die stärkste Intervention im Gesprächsprozess darstellt.

Verhaltensinterventionen zu Respekt

Am Anfang jeder Begegnung im Coaching steht als elementare Verhaltensintervention das *Bemühen*. Das Bemühen entspringt der Haltungsvariable Respekt – dieser zeigt sich auf der Verhaltensebene des Coachs als Bemühen, mit dem Coachee in echten Kontakt zu kommen. Es ist immer das Ausgangsverhalten in einem Beratungsgespräch oder Coaching, das auf Persönlichkeitsbildung zielt. Die Haltungsvariablen Kontakt, Respekt und Achtung muss der Coach gegenüber dem Coachee entwickeln und diese Haltung während des ganzen Prozesses aufrechterhalten und aktiv zeigen. Hier muss der Coachee ernst genommen werden mit dem, was er jetzt gerade „auf der Seele" hat bzw. wie er jetzt gerade gestimmt ist und sich einbringen kann. Welches Anliegen ist ihm vorrangig?

Dann erst kann eine zweite Verhaltensintervention sich anschließen: das Folgen. Es beinhaltet: Der Coach ist wach und interessiert am Coachee und an seinen Themen: Worum geht es? Der Coachee möchte vom Coach in seinem Anliegen *verstanden* werden, sozusagen als Vertrauensbeweis. Coach und Coachee kreisen so lange um diesen einen Punkt, bis der Coachee tief in sich spürt und weiß, dass er vom Coach verstanden wird. Hier ist nicht immer klar, auf welchen Kanälen der Coachee dies mitteilt: Sprache, Gefühl, Bilder, Körpersprache? Um *folgen* zu können, muss der Coach natürlich genau verstehen, worum es geht. Er muss das notfalls stellvertretend für den Coachee verbalisieren – möglicherweise auf mehreren Ausdruckskanälen in kongruenter Weise (Sprache, Emotionen, Bilder, Körpersprache).

Verhaltensintervention zu Empathie
Zur Umsetzung der Haltung der Empathie gibt es in der Praxis des Coachings drei verbreitete mögliche Verhaltensinterventionen: das Begleiten, das Teilen und das Halten …

Das Bemühen und das Folgen sind die Verhaltensinterventionen, die Vertrauen und Akzeptanz aufbauen und festigen. Daher sind sie für den gesamten Coaching-Prozess enorm wichtig. Auch im weiteren Verlauf des Coachings muss das Gespräch immer wieder auf diese Verhaltensinterventionen zurückgreifen. Erst wenn genügend Akzeptanz vorhanden ist, kann die nächste Verhaltensintervention eingesetzt werden: das *Begleiten*. Dies bedeutet, dass der Coach mit den Themen und Schilderungen des Coachees „mitgeht". Er braucht dazu nicht immer neue Informationen. Er gibt seinem Coachee vielmehr klare Signale, dass er ihn verstanden hat und bereit ist, mit ihm zu gehen – weiterzugehen in seinem Klärungsprozess. Der Coachee entscheidet selbst (wie bei jeder Verhaltensintervention), ob und in welchem Grad er in seinem Prozess weitergeht.

Dem *Begleiten* kann dann das *Teilen* als weitere Verhaltensintervention folgen. Diese Verhaltensintervention reichert das Begleiten mit einer höheren Beziehungsdichte an. Im Teilen wird nicht nur auf der inhaltlichen Oberflächenstruktur des Gesagten begleitet, sonder auch in der Tiefenstruktur des Gemeinten und in der Emotionalität des Coachees. Dass Teilen mit Empathie zu tun hat, liegt auf der Hand. Denn im Teilen stehen die *emotionalen* Erlebnisinhalte des Coachees im Mittelpunkt und nicht mehr nur die inhaltlichen Themen und Schilderungen. Dabei geht es nicht nur um Gefühle, es geht um komplexe innere Zusammenhänge. Oft sind diese noch nie verbalisiert worden, ja möglicherweise sind sie dem Coachee selbst noch nie bewusst geworden. In diesem Teil des Coachings beginnt die Selbstexploration des Coachees (Selbsterforschung und -erkenntnis). Er entdeckt die tieferen Zusammenhänge innerhalb seiner Persönlichkeit. Er spürt seine innere Beteiligung zu seinen Themen und kann dadurch im Coaching eine sehr persönliche (Be-)Deutung für sich erfahren. Eine Kündigung etwa wird dann nicht nur als formaler Akt erzählt, sondern auch mit Traurigkeit und Ärger empfunden. Eine Gehaltserhöhung wird nicht nur als faktische Folge eines Projektabschlusses erlebt, sondern mit Freude und Dankbarkeit erlebt. Sich selbst reflektierend erfährt der Coachee seine emotionalen Erlebnisinhalte, kann sie interpretieren differenzieren oder einfach diese Seite von sich spüren und sich dadurch verändern und bewegen lassen – der Prozess der Persönlichkeitsbildung ist hier intensiv spürbar. Da diese Phase für den Coachee oft überraschend und ungewohnt und deshalb auch anstrengend ist, versucht er nicht selten, aus dieser Intensität und Intimität wieder in die Sachlichkeit zu wechseln (– was sein gutes Recht ist).

Dann beginnt der Coach den Prozess wieder mit den Verhaltensinterventionen *Bemühen* und *Folgen,* um Akzeptanz für den

Prozess der Persönlichkeitsbildung aufzubauen. Er hat die Aufgabe, dem Coachee die Möglichkeit der Persönlichkeitsbildung weiterhin anzubieten und zu ermöglichen – alleine ist das dem Coachee zu diesem Zeitpunkt noch nicht möglich.

Deshalb folgt der Verhaltensintervention des *Teilens* nun die Verhaltensintervention des *Haltens*. „Halten" bedeutet für den Coach gleichermaßen wie für den Coachee, bei dem „dichten" Gefühl des Coachees zu verweilen und nicht aus dieser Dichte und Intensität der Persönlichkeitsbildung wegzugleiten. Trotzdem braucht der Coachee immer die *Wahl*, er braucht Wahlmöglichkeiten. Denn das, was er auswählt, ist das, was für ihn jetzt wichtig ist. Daher kann es sein, dass der Coachee sich trotz des Angebotes des Coachs (s. o.) für die *Rationalisierung* der emotionalen Erlebnisinhalte entscheidet und damit signalisiert, dass er für den weiteren Prozess wieder mehr Akzeptanz aufbauen muss oder will. Für den Coach bedeutet das, dass er zu den Verhaltensinterventionen Bemühen und Folgen wechselt.

Verhaltensinterventionen zu Wahrhaftigkeit

Erst auf der Grundlage von Akzeptanz und Empathie kann der Coach sich als Individuum verstärkt in den Coaching-Prozess einbringen. Dabei ist es nicht etwa sein Ziel, von einem beratenden Gespräch zu einem partnerschaftlichen Austausch zu wechseln. Vielmehr können die Sichtweisen, Hypothesen, Wahrnehmungen, Beobachtungen, Erwartungen und Erfahrungen des Coachs dem Coachee als Reflexionsfeld und Spiegel dienen und seine eigenen „Be-Deutungen" in einem neuen Licht, in einem neuen Kontext erscheinen lassen. Es geht dabei nicht um Wahrheit, sondern um ein Angebot vergleichender Wahrnehmung. (Differenzerfahrung)

Deshalb nenne ich diese Verhaltensintervention *Konfrontieren*: Der Coach konfrontiert den Coachee mit *sich* – mit seinen

Ansichten, Reaktionen, Erfahrungen ... Er konfrontiert ihn mit *sich* – diese Formulierung ist wunderbar doppeldeutig und sie ist tatsächlich im doppelten Sinne gemeint: Konfrontation des Coachees mit den Ansichten, Reaktionen und Erfahrungen *des Coachs* und (dadurch, im Vergleich dazu) gleichzeitig Konfrontation mit den eigenen Sichtweisen, Reaktionen und Erfahrungen *des Coachees* selbst!

Damit die Konfrontation vom Coachee nicht als aggressive Provokation aufgefasst wird, sollte diese Verhaltensintervention erst auf der Basis von Akzeptanz und Empathie eingesetzt werden. Es ist eine sehr wichtige Intervention für die Persönlichkeitsbildung des Coachees und sie erfordert viel Feingefühl und Erfahrung von Seiten des Coachs.

Ebenfalls auf der Grundlage von Akzeptanz und Empathie kann der Coach die Verhaltensintervention des *Führens* einsetzen, um dem Coachee z. B. eine andere Ausdrucksform oder Ausdrucksebene zu erschließen. Das Selbst des Coachees sucht sich ja immer einen „Kanal", um sich auszudrücken: etwa Sprache, Bilder, Emotionen oder Körpersprache. Der Coachee bevorzugt zunächst einen bestimmten Ausdruckskanal. Wenn dieser blockiert ist, muss der Kanal gewechselt werden. Über alle vier genannten Kanäle sollte kongruent das*selbe* ausgedrückt werden. Dies nennt man „Perspektivenerweiterung" – sie ist eine beobachtbare Veränderung des Entwicklungsstandes der Persönlichkeit.

Diagnostik

Als diagnostisches Instrument stelle ich hier das Modell der Kommunikationskanäle und der Kommunikationstransformation vor. Es umfasst vier Kanäle der Kommunikation: die Sprache der Wörter, die Sprache der Bilder, die Sprache der Gefühle und die Sprache des Körpers. Es liefert Beobachtungshinweise für das Coaching-Gespräch und ist gleichzeitig ein Instrument der Reflexion, mit dem der Coach ein bereits geführtes Coaching-Gespräch für sich selbst oder zusammen mit Kollegen analysieren kann. Ein Coachee äußert sich sicherlich über alle vier Kanäle – aber unterschiedlich in der Intensität. Das kann so weit gehen, dass in einigen Gesprächsphasen ein Kanal oder mehrere ganz in den Hintergrund treten. Bei der Schilderung eines traumatischen Erlebnisses kann die Emotionalität mit einem Mal völlig verschwinden, oder aber die Modulation der Sprache entspricht nicht den Inhalten der Worte und Bilder.

Zunächst seien nun Beobachtungsaspekte für die verbale und nonverbale Kommunikation skizziert, die man bei einem Coaching-Gespräch im Blick haben sollte.

1. Die Sprache der Wörter

Der Coachee verbalisiert sein Thema und benutzt dazu ganz bestimmte Wörter und Ausdrücke. Diese „Schlüsselwörter" können dem Coach wichtige Hinweise geben. Angenommen, der Coachee benutzt das Wort „notwendig": Welche „Not" möchte er „wenden"? Natürlich sollte der Coach die Vorliebe seines Coachees für bestimmte Wörter nicht überinterpretieren – aber er sollte offen bleiben für Hinweise.

Auch die *Modulation* der Sprache ist eine Quelle für Hinweise: Wann werden die Äußerungen des Coachees leise, unverständlich, bestimmt oder verwirrend …? Oft verbergen sich hier Emotionen, die durch das gesprochene Wort allein nicht zu erkennen sind. – Überflüssig zu betonen: Natürlich gilt beim Ausdruckskanal Sprache die Aufmerksamkeit des Coachs vor allem den *Inhalten*, *Themen* und Sachverhalten, die dem Coachee wichtig sind und auf die der Coach achten und reagieren sollte.

2. Die Sprache der Bilder
Im Blick auf den Kommunikationskanal der Bilder achtet der Coach besonders auf Metaphern, die der Coachee verwendet, beispielsweise: „Ich befinde mich in einer Sackgasse. ... Das Wasser steht mir bis zum Hals. ... Ich könnte Bäume ausreißen. ..."

Bilder verweisen oft auf etwas Dahinterliegendes, auf Elementares oder sie haben Symbolfunktion. Sie umschreiben vielleicht einen existenziellen Erfahrungsraum des Coachees, den dieser oft nicht anders ausdrücken kann als in der Verfremdung durch Bilder; Beispiel: eine bisher vom Coachee nicht wahrgenommen Furcht vor einem Ereignis oder Zustand. Das *Decodieren* solcher Bilder ist genauso wichtig wie das *Codieren* mancher Erfahrungen und Erlebnisse des Coachees nach dem Motto: „Das sind meine Schätze, die ich in meiner Schatztruhe aufbewahren werde ..."

3. Die Sprache der Gefühle
Beim Ausdruckskanal der Gefühle achtet der Coach auf die vom Coachee bewusst oder unbewusst geäußerten Emotionen. Stimmt die inhaltliche Erzählung mit dem emotionalen Erlebnis überein? Auch die eigenen Emotionen des *Coachs* (beim Zuhören) können Hinweise auf ein Thema *hinter* dem „offiziellen" Thema sein. Warum wird der Coach *ärgerlich* bei einer Erzählung, an der sich sein Coachee *erfreut*? Und schließlich können die Emotionen, die sich innerhalb der Coach-Coachee-Begegnung ereignen oder eben nicht ereignen, dem Coach Hinweise zur Differenzierung des Themas geben.

4. Die Sprache des Körpers
Wörter, Bilder und Gefühle sollten eine Einheit darstellen, die durch den Ausdruckskanal Körper unterstützt wird. Alle nonverbalen Signale sind wichtige Hinweise auf die *Authentizität*

einer geschilderten Erfahrung. Oder manches Mal reagiert der Körper auch durch ein kurzes Schütteln oder Zusammenziehen bei einem eher beiläufigen Ereignis, das der Coachee erzählt. Solche Hinweise sollte der Coach ernst nehmen, da sie für ihn mögliche Ansatzpunkte für Nachfragen und Unterstützung darstellen.

In dieser Weise kann der Coach die vier Ausdruckskanäle als Beobachtungs- und Reflexionshilfe benutzen. Gleichzeitig kann es auch dazu dienen, die Kommunikation zu transformieren. Der Coach sollte beim Coachee möglichst *alle* Kommunikationskanäle aktivieren, um den Prozess der Persönlichkeitsbildung möglichst breit zu unterstützen. Beispiel: Eine rein verbale, *sachliche* Schilderung des Coachees spiegelt der Coach auf den übrigen drei Kanälen:

Coachee: „Das Projekt war erfolglos."
Coach: „Sie sind traurig darüber, andere ärgern sich drüber …"
    Oder: „Es ist in den Sand gesetzt worden, die Niederlage lastet schwer wie Blei auf ihnen, nicht wahr …?"
    Oder: „Ihr Körper wirkt saft- und kraftlos, da müssen sie zunächst einmal tief Luft holen, können nur mit dem Kopf schütteln …"

Als didaktisches Postulat möchte ich abschließend die folgende Faustregel formulieren: Führen Sie den Coachee immer wieder in diejenigen Ausdruckskanäle, die er selbst nicht nutzt, und beobachten Sie, was bei ihm passiert!

Die vier didaktischen Prinzipien beim Coaching

Nach der Darstellung praktisch-methodischer Realisierungsmöglichkeiten der didaktischen *Intention* und der didaktischen *Haltung* wird nun die praktische Umsetzung der vier eingangs beschriebenen didaktischen *Prinzipien* erläutert:

- Elementarisieren!
- Konstruktivistisch denken!
- Mentale Modelle hinterfragen!
- Kontextualisieren!

Das Prinzip der Elementarisierung – praktisch angewendet im Coaching

Das Prinzip Elementarisieren erfordert, ein Gespür für das zu entwickeln, was durch den Coachee keine ausdrückliche Erwähnung findet und trotzdem da ist. Elementarisieren ist der Versuch des Coachs, den ausgesprochenen Worten des Coachees auf der Ebene des Gemeinten nachzugehen, der Anwesenheit einer Abwesenheit nachzugehen, dem Namenlosen einen Namen zu geben, dem mitschwingenden Symbolischen Daseinsrecht zu gewähren. Damit verlässt der Coach die *sachliche* Ebene des Gesprächs und die Person des Coachees und ihre Welt werden ins Zentrum der Persönlichkeitsbildung gestellt.

Ein solches Gespräch kann nicht mehr linear geplant werden, sondern verläuft zirkulär und spontan. Der Coach muss wach und präsent sein für das Gesagte, für die Inhalte der Botschaft (die Oberflächenstruktur des Gesagten) und gleichermaßen für das eigentlich *Gemeinte* (die dahinterliegende Tiefenstruktur mit den Emotionen und Bedürfnissen des Coachees).

Neben dem bloßen Zuhören gehört dazu das einfühlsame, intuitive Einlassen auf die Erlebniswelt des Coachees.

Durch den Prozess des Elementarisierens kann der Coachee die Verbindung zwischen seinen äußeren und inneren Ressourcen finden; er kann dann seine Möglichkeiten deutlicher und differenzierter wahrnehmen, daher auch klarer entscheiden und seine Probleme besser lösen. Das Prinzip der Elementarisierung lenkt die Aufmerksamkeit nicht einseitig auf die innere Welt des Coachees, sondern fordert zum ständigen Pendeln zwischen innerer und äußerer Welt auf – zwischen Psycho-Logik und Sach-Logik.

Durch dieses Prinzip werden kognitive und emotionale Bestandteile des Erlebens zu einem Ganzen zusammengeführt. Das heißt, es kann nicht nur eine dieser beiden Ebenen alleine „behandelt" werden. Bleibt das Gespräch allein auf der Ebene der Sach-Logik, wird eine Art Fachberatung oder eine wirkungslose Scheinberatung durchgeführt, da die Lösung nicht zur emotionalen Befindlichkeit des Coachees passt, also nicht mit der Psycho-Logik verknüpft ist. Die Nachhaltigkeit der Persönlichkeitsbildung ist dann stark eingeschränkt. Arbeitet der Coach ausschließlich auf der Ebene der Sach-Logik (Oberflächenstruktur der Sprache), scheint das Problem sich vielleicht plötzlich wie von alleine zu lösen – in Wirklichkeit zeigt es sich jedoch gar nicht in vollem Umfang, weil der innere Anteil des Problems (die Psycho-Logik oder Tiefenstruktur) ausgeblendet wird. Der Coachee verlässt die Sitzung dann mit einer nicht umsetzbaren Scheinlösung und läuft Gefahr, von seinem Coach in der Folge als schwierig oder nicht handlungsmotiviert eingestuft zu werden.

Klärt der Coach dagegen nicht das *innere* Erleben, sondern die *äußeren* Faktoren zu wenig, kann der Prozess ebenfalls zum Stillstand kommen. Die Herausforderung besteht also darin, zusammen mit dem Coachee die anfangs vielleicht schmalen Übergänge von der inneren zur äußeren Welt und zu seiner Handlungskompetenz zu finden, die immer vorhanden sind und die der Coachee dann nach und nach zu einer tragfähigen Verbindung ausbauen kann. Damit wird dieser in seiner Kreativität und Entwicklungsfähigkeit unterstützt und er erfährt eine Erweiterung seines Handlungsspielraums.

Methodik

Hier stelle ich drei Instrumente vor, mit denen man das Prinzip der Elementarisierung praktisch umsetzen kann:

1. Die Enthypnotisierung der Sprache
2. Das Focusing
3. Das „innere Kind"

1. Das Modell der Enthypnotisierung der Sprache
Bei diesem Modell geht es darum, *Verallgemeinerungen* in den Äußerungen des Coachees zu konkretisieren und Generalisierung aufzulösen. Dadurch können erste Rückschlüsse von der Oberflächen- auf die Tiefenstruktur seiner Sprache gezogen werden. Es geht um eine Art „Transformationsgrammatik", da der Coach sprachliche Einschränkungen beim Coachee aufzulösen versucht und damit die hypnotisierende Wirkung seiner Sprachmuster aufbricht.

Übersicht mit Beispielen allgemeiner, unkonkreter Aussagen und Fragen zu ihrer Konkretisierung:

Beispiele	Enthypnotisierung / Konkretisierung
Unbestimmte Verben (denken, spüren, wissen, etc.) lassen die zu beschreibenden Erfahrungen im Abstrakten. Beispiel: „Er *lehnt* mich *ab*!"	Auf welche Weise? In welcher Form? Wie genau? Bei welcher Gelegenheit?
Unkonkrete Hauptwörter „Sie hat enorme Fähigkeiten und gute Beziehungen."	Was für Fähigkeiten im Einzelnen? Welche hier relevanten Beziehungen? Was speziell hat sie Ihnen voraus?
Vage, unvollständige Vergleiche „Das ist *besser* für mich."	Besser als was? Gemessen woran?
Unbestimmter Inhaltsbezug „*Man* kann sich entspannen." „*Das* kann man leicht lernen."	Wer? Was passiert genau? Was?
Aussparen von Informationen „Ich weiß, dass Sie neugierig sind." „Ich fürchte mich." „Ihr Verhalten ärgert mich."	Worauf? Wovor? Was genau ärgert Sie an ihrem Verhalten?
Verallgemeinerungen, (negative) Glaubenssätze „Ich mache *nie* etwas richtig." „*Alle* anderen können das besser." „Ich kann das einfach nicht." „Ich kann mich einfach nicht durchsetzen." „Er sollte doch wissen, dass ich so etwas nicht mag."	Nie? Ohne Ausnahme? Wirklich alle? Was wäre, wenn? Was hindert Sie? Woher soll er das wissen? Was genau mögen Sie nicht?

Hier nun einige Beispiele dafür, wie man im Coaching mithilfe der Sprache gezielt Wahlmöglichkeiten für den Coachee schaffen kann:

Der Coach bietet Signalwörter und Formulierungen an:	Beispiele für konkrete Coaching-Situationen:
... und ... (Eine Hilfe zur Überleitung, ein Ausweg aus scheinbar festgelegten Situationen; der Coach suggeriert damit, dass es noch mehr Möglichkeiten gibt ...)	„Du kannst mir zuhören *und* weiterarbeiten."
... aber ... (Aussagen *vor* dem „aber" haben weniger Suggestivkraft als die danach.)	„Wir sind müde, *aber* sehr gespannt!"
... weil ... (Aussagen *vor* dem „weil" erhalten mehr emotionale Glaubwürdigkeit.)	„Du wirst mir sicher zustimmen, *weil* die Fakten doch deutlich dafür sprechen."
... oder? ... (Die Aussage wird zur Frage und dadurch schwächer, die Zustimmung leichter.)	„Da stimmen Sie mir doch zu, *oder?*"
... wahrscheinlich ... (Suggeriert vorhandene Ressourcen.)	„*Wahrscheinlich* weißt du schon, wie du das Thema angehen wirst?"
... vielleicht ... (Unterstützt die Suggestion.)	„*Vielleicht* haben Sie bei dieser Übung die Augenstellung Ihres Gegenübers bemerkt?"
Konjunktive	„Du *könntest* versuchen, auf deine Körperhaltung zu achten, während du die Präsentation machst."
Konjunktive und direkte Suggestion („wie Sie wissen")	„Man *könnte, wie Sie wissen*, einfach entspannen und das Lernen auf einer tieferen Ebene geschehen lassen."
Konjunktive und versteckte Vorannahmen	„Es *könnte* sein, dass du dich nach der Entspannung *sehr wohl fühlst.*"
Wahlmöglichkeiten schaffen (Möchtest du x, y oder ...?)	„Möchtest du Tee, Kaffee oder etwas ganz anderes trinken?"
Kannst du dir vorstellen ...? (Aufforderung zur Innenschau und Lösungskonstruktion)	„*Kannst du dir vorstellen*, die Sprachmodelle aktiv anzuwenden?"
Du darfst ... (Aktiviert innere „Erlauber".)	„Du *darfst* Fehler machen!"
Früher oder später ... (Suggeriert, dass die Aussage zutreffen wird.)	„*Früher oder später* wirst du darüber lachen können."
Ich würde dir nie sagen, dass ... (Ermöglicht dem Coach, Dinge zu sagen, die er sonst nicht sagen würde.)	„*Ich würde dir nie sagen, dass* das meiner Ansicht nach so nicht funktionieren kann."

2. Das Focusing

Das Focusing ist eine wirkungsvolle Methode, die es ermöglicht, Körpererfahrung mit in den Prozess der Elementarisierung aufzunehmen. Focusing wird als ein natürlicher Vorgang angesehen, der immer dann geschieht, wenn der Mensch sich positiv weiterentwickelt. Professor Gene Gendlin entwickelte diese Methode, nachdem er herausgefunden hatte, dass Menschen, die ihre Beratung als „erfolgreich" erlebten, auf eine besondere, charakteristische Art und Weise mit ihrem elementaren Inneren Kontakt aufnahmen. Gendlin erforschte diesen Prozess und gliederte ihn in sechs Schritte, deren wesentliches Merkmal die Konzentration auf den Körper und dessen Empfindungen ist:

- *Freiraum schaffen*: Sich auf das Problem einstellen, jedoch einen inneren Abstand dazu wahren
- *Einen „Felt Sense"* (zu Deutsch etwa: inneres Erleben) *kommen lassen*: Aufmerksamkeit auf Brust-/Bauchraum richten und dabei „körperliche Resonanz" zum Thema entstehen lassen
- *Den „Felt Sense" beschreiben – „einen Griff finden"*: Einen Begriff oder eine kurze Beschreibung für dieses – meist diffuse – Körpersignal kommen lassen
- *Vergleichen*: Den gefundenen Begriff mit dem „Felt Sense" abgleichen
- *Fragen*: Was braucht der „Felt Sense", um sich mit dem Problem (wieder) wohler zu fühlen und Lösungsrichtungen zu entwickeln?
- *Annehmen und schützen*: Schützen des Prozesses gegen innere Kritikerstimmen, Ergebnis würdigen

In Kontakt zu kommen mit dem inneren Erleben wirkt im

Coaching klärend, stärkend und erfrischend. Die Kreativität des Körpers hilft dem Coachee, neue Lösungswege zu finden.

Unsere Umgangssprache kennt viele Ausdrücke für ein inneres Befinden, mit dem wir nicht viel anzufangen wissen: Uns ist manchmal „mulmig" – etwas stimmt nicht – ein „komisches" Gefühl – irgendwie haben wir etwas schon im Voraus geahnt, gespürt oder gewusst ... Eine körperliche Resonanz ist vorhanden, doch wir können diesem Gefühl noch keine Worte, keine Bedeutung geben. Beispiele solcher körperlichen Empfindungen: Mir schnürt es die Kehle zu – Kribbeln im Bauch – Druckgefühl auf der Brust – mir liegt ein Stein im Magen ... Wenn Coach und Coachee mittels der sechs Focusing-Schritte Worte und deren Bedeutung gefunden haben, wird der Coachee die gewonnene Energie für sich nutzen können.

Focusing gilt als sanfter Weg, eingefahrene Muster aufzulösen, und als Methode ganzheitlicher Persönlichkeitsbildung. Der Focusing-Prozess ist bei persönlichen und beruflichen Problemen, zur eigenen Psychohygiene und bei allen kreativen Aufgaben einsetzbar.

3. Das innere Kind

Das Prinzip der Elementarisierung bedient sich auch visualisierender Methoden. Im Coaching kann die Idee hilfreich sein, sich mit einer (vorgestellten) inneren Instanz zu beschäftigen – dem inneren Kind: Das innere Kind repräsentiert *den* Teil im Coachee, der durch frühe Prägungen entscheidende Gefühle, Verhaltensmuster und Wertvorstellungen aufnimmt. Es ist die „Schlüsselfigur" unserer Gefühlswelt, der meisten ungelösten und unlösbar erscheinenden Lebensprobleme. Es ist etwa dafür verantwortlich, ob wir risikofreudig oder eher passiv sind und ob wir zu verletzbaren oder robusten, zu liebesfähigen oder kargen Menschen werden; es hat Einfluss darauf, ob der Körper besser oder schlechter funktioniert. In Partnerschaften und allen anderen zwischenmenschlichen Beziehungen im privaten und beruflichen Kontext zeigt sich das innere Kind sehr deutlich: Je inniger der wertschätzende Kontakt und das innere positive Erleben zu sich selbst ist, umso respektvoller und wertschätzender der Umgang mit anderen.

Die Arbeit mit dem inneren Kind hat für den Coachee zum Ziel, die von diesem verkörperten Gefühlsanteile wahrzunehmen, anzunehmen, zu integrieren und unliebsame Gefühle zu transformieren. Es gibt verschiedene Möglichkeiten, mit dem inneren Kind Kontakt aufzunehmen, zum Beispiel durch meditative Techniken oder durch Schreiben. Das Wichtigste für den Coachee ist dabei, seine Gefühle wahrzunehmen, sie anzunehmen, die Bedürfnisse anzuerkennen, die sich hinter ihnen verbergen, und nach Wegen zu suchen, sie zu erfüllen.

Linguistik

Hier werden drei Komponenten der Gesprächshaltung eines Coachs vorgestellt, die das didaktische Prinzip des Elementarisierens unterstützen:

1. Beobachtung statt Bewertung
   Genau beobachten, was geschieht. Die Beobachtungen dem anderen ohne Bewertung mitteilen.
2. Gefühle akzeptieren und gegebenenfalls ausdrücken
   Was fühle ich, wenn ich den Coachee beobachte?
3. Bedürfnisse erkennen und akzeptieren
   Welche Bedürfnisse stecken hinter den Gefühlen des Coachees?

Das Prinzip der Elementarisierung ist keine Technik, sondern eine Kommunikationsform, die auf der Wertschätzung und Anerkennung des Coachees von Seiten des Coachs beruht. Die Elementarisierung betrifft alle konkreten Handlungen des Coachees, zum Beispiel seine Ausdrucksformen, Werte und Gesten, die wir als Coach beobachten können.

Wichtig ist auch die eigene Wahrnehmung als Coach: wie *wir* uns fühlen, in Verbindung mit dem, was wir vom Coachee geschildert bekommen; unsere Bedürfnisse, Werte, Wünsche usw., die durch die intensive Arbeit in Resonanz treten mit den elementaren Themen des Coachees.

Durch das Prinzip des Elementarisierens kommt der Coach mit seinen eigenen elementaren Themen in Kontakt. Er muss sie wahrnehmen und von den Themen des Coachees trennen können.

Diagnostik

Dem Prinzip der Elementarisierung entspricht die im Folgenden beschriebene Möglichkeit zur Selbstreflexion für Führungskräfte. Man könnte sie auf die Formel bringen:

Missverständnisse vermeiden und aufklären

Effektivität und Humanität, Professionalität und Menschlichkeit gehören in einer Unternehmenskultur, die erfolgreich sein will, mehr denn je zusammen. Für Führungskräfte wird es daher unerlässlich, die Gestaltung der Beziehungsebene als Teil der professionellen Aufgabe zu begreifen. Dabei spielt die Qualität der Gesprächskultur eine ebenso wichtige Rolle wie das bewusste Unterscheiden der Oberflächenstruktur von der Tiefenstruktur der Sprache; denn nicht nur der menschliche, auch der sachliche Erfolg einer Führungskraft steht und fällt damit, dass und wie sie ihr Gegenüber versteht.

„Können wir noch einmal darüber sprechen?" – Diesen Satz kennen nicht nur Führungskräfte. Er signalisiert, dass ein Gespräch nicht zur Zufriedenheit beider Seiten verlaufen ist, dass Fragen und Bedürfnisse ungeklärt blieben. Sicher kennen auch Sie Gesprächssituationen, in denen Sie missverstanden wurden:

- In welchen Situationen ist dieses Phänomen aufgetreten?
- Woran lag es, dass es zum Missverständnis kam?
- Wie unterscheidet sich meine Wahrnehmung von derjenigen anderer?
- Wie kann ich durch mein Verhalten Einfluss auf das Gelingen eines Gesprächs nehmen?
- Wie kann ich Mehrdeutigkeiten entschlüsseln?
- Wie kann ich mich möglichst klar und unmissverständlich ausdrücken?
- Wie kann ich meinen Mitarbeitern respektvoll begegnen und gleichzeitig meine Führungsrolle wahren?
- Wie kann ich den geheimen, den unausgesprochenen Botschaften in der Kommunikation auf den Grund gehen?
- Was nehme ich mir in dieser Hinsicht vor?

Das Prinzip „Konstruktivistisch denken!" – praktisch angewendet im Coaching

Persönlichkeitsbildung geschieht vor allem durch Differenzerfahrung: nämlich immer dann, wenn ein Mensch erkennt, wie er seine Wirklichkeit *konstruiert* hat. Der Mensch verfügt ja über die Fähigkeit der Selbstreflexion und Persönlichkeitsbildung braucht Reflexionsprozesse, die es dem Betreffenden ermöglichen, bewusst die Verantwortung für die eigene Entwicklung zu übernehmen.

Da die sozialen Großgruppen (wie Kirchen, Klassen oder Religionen) die ihnen früher zugeschriebene Verbindlichkeit immer mehr verlieren, fühlt das Individuum sich ihnen nicht mehr bruchlos zugehörig. Der Einzelne ist nun in einem höheren Maße gefordert, sich selbst seine Identität sichernde Lebenswelt zu konstruieren. Daher erhalten verschiedene soziale Netzwerke wie Berufs- und Freundesgruppen, Freizeitvereine, Sportverbände usw. immer mehr Bedeutung. Die Identität des Einzelnen setzt sich mehr und mehr aus verschiedenen Teilidentitäten zusammen – es entsteht eine „Patchwork-Identität". Diese qualitative Veränderung der Identität führt dazu, dass das Individuum sein Selbst immer mehr über Reflexionsprozesse und Narrationen definieren muss. Diese Entwicklung hat zur Folge, dass die „Arbeit" an der eigenen Lebensgeschichte einen immer höheren Stellenwert bekommt. Aufgrund des Verlassens des standardisierten Lebensweges und der permanenten Suche oder der Neugestaltung der eigenen Identität entsteht in der Postmoderne das Problem, dass die Persönlichkeitsbildung ein unabschließbar erscheinender Prozess geworden ist. Einem Individuum, dem es schwer fällt, sich in der Gegenwart als kohärent zu erfahren, muss es umso schwerer fallen, sich in die Zukunft zu entwerfen, da ihm der sichere Standort und Ausgangspunkt dafür fehlt. Um ein Ziel zu erreichen, muss man den Kurs festlegen – und dazu muss man seinen genauen Standort kennen. Genau der ist nur noch schwer zu bestimmen. Denn das Individuum erlebt sich heute in einer Vielzahl von Lebenswelten mit höchst unterschiedlichen Formen von Verbindlichkeit und Definitionsangeboten. Es ist nun auf sich gestellt und muss Mittel und Wege finden, das Leben für sich selbst lebenswert zu machen. Genau da setzt das didaktische Prinzip des konstruktivistischen Denkens an, das dem Einzelnen zu einem neuen oder erweiterten „Sinn des Lebens" verhelfen kann. Es gibt aber auch zu bedenken, dass in der hier geschilderten postmodernen Entwicklung eine emanzipatorische Chance liegt – aufgrund der relativ *freien Wahl der eigenen Identität*. Die Menschen sind nicht mehr so stark an die Vorgaben der Moderne gebunden, die ihnen ihre Identität und somit ihr Leben in meist sehr festen Rollen vorgeschrieben hat.

Der Begriff „Postmoderne" meint hier nicht eine zeitlich-formale Epochenabgrenzung, im Anschluss an die Moderne. Der Begriff bezeichnet vielmehr einen Gemüts- oder Geisteszustand, der gegen die Absolutheitsansprüche der großen Einheitsentwürfe (Aufklärung, Idealismus, Marxismus ...) gerichtet ist. Nicht „entweder ... oder ...", sondern „sowohl ... als auch ..." – das ist die postmoderne Haltung. Sie anerkennt und begrüßt die Pluralität von Wirklichkeiten und Lebensformen sowie den daraus resultierenden Dissenz, die legitime Vielfalt der Denk- und Kommunikationsformen.

Methodik

Auch hier möchte ich wieder drei bewährte Instrumente für die praktische Umsetzung des Prinzips „Konstruktivistisch denken!" vorstellen:

- das Storytelling,
- die biografische Selbstreflexion und
- die Visionsarbeit.

Storytelling – narrative Ansätze im Coaching

Beim Erzählen und Hören von Geschichten finden Menschen seit jeher zusammen und zueinander. Schon seit Urzeiten werden Wissen und Orientierung in dieser Form von Generation zu Generation überliefert. Storytelling-Ansätze versuchen seit einigen Jahren, diese Urform des Dialogs aufzugreifen und zielgerichtet für Marketing und Unternehmensentwicklungsprozesse einzusetzen. Wie kann man beim Coaching das Potenzial und die Wirkung des Erzählens nutzen?

Das Erzählen von Geschichten kann als hilfreiche Intervention in persönlichen Veränderungsprozessen empfohlen werden. Besonders wirksam kann es dort sein, wo Erfahrungswissen und implizite Kenntnisse symbolisch oder rituell weitergegeben werden sollen. Beispiel: Bei der *Übergabe* von Projekten ist nicht nur die rituelle Übergabe des Lastenheftes wichtig; interessant sind auch und vor allem die Geschichten, die während des Projekts geschehen oder entstanden sind und erzählt werden. Dadurch erhält der Projektleiter einen viel breiteren Zugang zur Bedeutung des Projektes.

Aber auch zur Reflexion und Deutung von Erfahrungen können Geschichten herangezogen werden – und mehr leisten als bloße Zahlen und Präsentations-Charts. Coaching profitiert von der Flankierung durch Erzählungen, da komplexe Sachverhalte sich auf diese Weise besser erfassen und Emotionen sich mit Kognitivem gut verbinden lassen.

Exemplarisch sei die Möglichkeit erwähnt, das *Geschichtenerzählen* als „Hausaufgabe" im Coaching einzuführen. Der Coachee könnte bei der nächsten Projektbesprechung mit seinen Bereichskollegen in den Pausen und zwischen den Präsentationen kurze Erlebnisberichte erzählen, die seine Stellung im Projekt verdeutlichen. Etwa so: Der kritische Liefertermin konnte dank eines Gesprächs in der Kantine eingehalten werden. Ich habe den Konstrukteur zum Essen eingeladen und nach dem Mittagessen hat er die Dringlichkeit besser verstanden ... – Also:

- Welche Geschichte soll im Unternehmen über den Coachee erzählt werden? (Der „Held", der in der Mittagspause das Projekt gerettet hat ...)
- Wer sind die Schlüsselpersonen, die die Geschichte ins Unternehmen „einspeisen" können? (Die kommunikativsten Bereichskollegen ...)
- Was sind die Schlüsselthemen, die mit den Unternehmensthemen korrelieren? (Konstrukteur und Bereichsleiter haben gleiches Qualitätsbewusstsein ...)

Entwickeln Sie als Coach zusammen mit dem Coachee seine Geschichte und überlegen Sie gemeinsam an konkreten Projekten oder Aufgaben in seinem Zuständigkeitsbereich, wie und wodurch eine Geschichte in Umlauf gebracht werden kann, in der er von den anderen deutlicher wahrgenommen wird. Achten Sie darauf, dass der Coachee durch die Geschichte an Persönlichkeit gewinnt und nicht sich oder Dritte deformiert.

Biografische Selbstreflexion

Die biografische Selbstreflexion ist immer persönlichkeitsbildend in der Gegenwart, verliert aber dabei nie die Vergangenheit und die Zukunft aus den Augen. Um sich und seinen Lebensweg in die Zukunft hinein zu entwerfen, ist es sogar unerlässlich, die Erfahrungen aus der Vergangenheit in die Gegenwart zu holen, sie dort neu zu ordnen, zu konkretisieren und zu interpretieren. Dieser Schritt vermittelt dem Coachee Sicherheit, da er durch die Rekonstruktion der eigenen Biografie seinen Standort in der *Gegenwart* klären und festigen und die *Zukunft* von dort aus besser „kalkulieren" kann.

Der Rekonstruktion und Aufarbeitung der Vergangenheit wird im Coaching eine wichtige Rolle zugesprochen, weil die Erfahrungen, die den Coachee und seine gegenwärtigen Deutungsmuster geprägt haben, natürlich aus der Vergangenheit stammen. Erst wenn dies ihm in der Gegenwart bewusst wird und er zu seiner Vergangenheit ein für ihn adäquates Verhältnis findet, kann er in Gegenwart und Zukunft mit sich selbst angemessen umgehen. Dieser Prozess ist manchmal schwierig und kann auch schmerzhaft sein, da der Coachee möglicherweise auf verborgene unangenehme Erinnerungen stößt. Daher steht am Beginn der biografischen Selbstreflexion eine Rückschau auf die gesamte Lebensgeschichte, damit überhaupt ein Vergegenwärtigen und Begreifen des *gesamten* Lebensweges stattfindet. Förderlich ist hierbei, wenn die persönliche Lebensgeschichte anhand einer Zeitleiste oder eines Zeitstrahls dargestellt wird und die wichtigsten Phasen und Ereignisse daran schriftlich eingetragen und fixiert werden. Häufig zeigen sich im Rahmen einer solchen Darstellung Lebensthemen, die den Lebenslauf wie „rote Fäden" durchziehen und prägen und die besonders deutlich an *Knotenpunkten* zum Vorschein kommen, an denen etwa wichtige Entscheidungen getroffen werden mussten. Durch das Sichtbarmachen solcher Themenfäden kann der Coachee seine Entwicklung gut rekonstruieren – und besser entscheiden, ob und wie diese Lebenslinien sich in der Zukunft weiterentwickeln sollen.

Demnach verhilft die Biografiearbeit dem Coachee nicht nur zur *Bewusstmachung* der eigenen Wahrnehmungs-, Deutungs-, Bewertungs- und Handlungsmuster, sondern fördert auch einen Perspektivenwechsel, das Einnehmen neuer Standpunkte, Blickrichtungen und Sichtweisen und führt zu einem neuen Erleben der Dinge in der Welt.

Beispiel: Die eigene Berufung leben
In einer ersten Coaching-Sequenz wird versucht, Fragen wie die folgenden gemeinsam zu definieren und Antworten darauf zu finden:

- Woran glaube ich?
- Wie zeigt sich das in meiner Welt?
- Welche Konsequenzen hat das für meine Zukunft?

In einer zweiten Coaching-Sequenz werden die Ergebnisse nach den Kategorien Sach-Logik und Psycho-Logik differenziert und strukturiert. Hierbei können folgende vertiefenden Fragen zur Biografie helfen:

Sach-Logik:
- Wie sieht meine Welt des Verstandes aus?
- Wie bin ich zu meinem Job / Beruf gekommen?
- Welche Überlegungen, Ziele, Faktoren waren dabei wichtig?
- Welche Bedeutung hatten bestimmte Personen oder Erlebnisse zum jeweiligen Zeitpunkt für mich? ...

Psycho-Logik:
- Wie sieht meine Welt der Intuition aus?
- Wie bin ich zu meinem "Credo", meinen Überzeugungen gekommen?
- Welche Gefühle, Träume, Ahnungen waren dabei wichtig?
- Welche Bedeutung hatten bestimmte Personen und Erlebnisse zum jeweiligen Zeitpunkt für mich?

In der dritten Coaching-Sequenz werden die Ergebnisse auf eine Zeitlinie übertragen und visualisiert. Die Aufgabenstellung für den Coachee lautet:

Ordnen Sie beide Welten Ihrer Biografie auf dem Zeitstrahl

einander zu. In welchen Momenten, an welchen Punkten haben die beiden Welten einander berührt, behindert, sich miteinander verbunden?

Fragen zur Zukunft:

- Welche Entwicklung ist mir im Rückblick deutlich geworden?
  Wie sieht mein Ausblick in die Zukunft aus?
- Welche Sehnsüchte und Visionen habe ich?
- Welche Anstrengungen, welche Konsequenzen und welche Klarheit verlangt dies von mir?
  Was ist mein erster Schritt in diese Zukunft, den ich mir konkret vornehme?

Die anschließende Aufgabenstellung für den Coachee lautet dann:
Skizzieren Sie auf dem Zeitstrahl Ihre Zukunft und Ihren ersten Schritt.

Ressourcen & Autoritäten

In unserem bisherigen Leben haben uns viele Menschen geprägt und beeinflusst. Diese Feststellung gilt natürlich auch für Führungskräfte, mit denen wir beim Coaching zu tun haben. Gerade das Führungsverhalten wurde durch sogenannte Vorbilder stark beeinflusst. Mit der hier beschriebenen Vorgehensweise schicken wir den Coachee auf die Suche nach seinen Vorbildern, um herauszufinden, welche ihrer Führungsqualitäten er übernommen und welche er eher abgelehnt hat. Diese Reise in die eigene Biografie soll dazu beitragen, das eigene Verhalten (als Führungskraft) in der Gegenwart besser zu verstehen und es gegebenenfalls für die Zukunft zu verändern: Zukunft braucht Herkunft!

1. Welche Personen ...
   ... aus Ihrer Herkunftsfamilie
   ... aus Ihrer Schulzeit
   ... aus Literatur / Film / Geschichte ...
   ... aus Ihrer Ausbildung / Ihrer Berufspraxis
   ... aus sonstigen Bereichen
   ... waren für Sie positive oder negative „Vorbilder" (Autoritäten)?
2. Welche konkreten Fähigkeiten oder Eigenschaften Ihrer Vorbilder haben Sie inspiriert, motiviert, gefördert oder gehemmt, gebremst, abgeschreckt?
3. Welche dieser Eigenschaften oder Fähigkeiten sind Ihnen in der Gegenwart nützlich und hilfreich?
4. Wo und wie kommen diese in Ihrer Berufswahl und Berufspraxis zum Ausdruck?
5. Welche Eigenschaften und Fähigkeiten würden Sie privat und beruflich gerne weiterentwickeln?
6. Was werden Kollegen / Freunde in *einem* Jahr über Sie berichten: Woran werden sie erkennen, dass Sie diese Qualitäten weiterentwickelt haben? Was wird anderen an Ihnen auffallen?

Visionsarbeit

Die Visionsarbeit wird immer dann Bestandteil eines Coachings, wenn das Bedürfnis besteht, bezogen auf eine bestimmte Problemsituation neue Wege zu suchen und zu finden. Visionsarbeit ist ein kreativer Prozess, in dem die Zukunft gedacht und gestaltet wird. Sie steht am Anfang wichtiger Entscheidungen, die die persönliche Arbeit, die Zusammenarbeit mit anderen oder die zukünftige Ausrichtung eines ganzen Unternehmens bestimmen. Es geht darum, in einem ersten Schritt weiter zu *sehen*, um dann in einem zweiten Schritt weiter *gehen* zu können.

Schritte der Visionsarbeit
Fantasieren, visualisieren, konkretisieren, realisieren und kontrollieren – das sind die Stationen, die es in einer professionellen Visionsarbeit zu durchlaufen gilt. In der Phase des Fantasierens und Visualisierens wird der Blick in die Zukunft gewagt, losgelöst von Problemen und Fragen der Gegenwart:
Wo und wie möchte ich mich in der Zukunft sehen? Was wird mir wichtig sein?
Persönliche Ressourcen und die Möglichkeiten, die das Umfeld bereits bereithält, werden gesucht, (wieder)entdeckt und für die Zukunft gezielt genutzt. In der Phase des Konkretisierens wird eine Art Landkarte erstellt, auf der die gesetzten Ziele, die dorthin führenden Wege sowie die Kontrollmöglichkeiten verzeichnet sind.

Visionsarbeit im Coaching für Einzelpersonen macht *dann* Sinn, wenn der Coachee den Wunsch hat, sich im persönlichen, sozialen oder beruflichen Bereich neu zu orientieren. Es geht darum, neue Bedürfnisse zu erkennen und nach konkreten Möglichkeiten für deren Umsetzung zu suchen. Neue Aufgaben und Verantwortlichkeiten, die den aktuellen Bedürfnissen, den Kompetenzen und den Ressourcen des einzelnen Menschen besser entsprechen, können wahrgenommen und erfolgreich umgesetzt werden. Wenn sich der Coachee auf diese Weise aktiv den persönlichen Zukunftsfragen stellt, handelt er eigenverantwortlich und respektvoll gegenüber sich selbst. Er sieht sich nicht als Opfer der Umstände, sondern als aktiver Gestalter seiner Zukunft.

Linguistik

Die nachfolgende Fragensequenz kann zur praktischen Umsetzung des didaktischen Prinzips „Konstruktivistisch denken!" im

Coaching mit Managern verwendet werden.

Stellen Sie sich einmal Folgendes vor:

- Wenn Ihr Verantwortungsbereich ein *Kind* wäre – wer wäre der Vater, wer wäre die Mutter?
- Wenn Ihr Bereich wie ein Mensch sprechen könnte, welche Botschaft, Bitte, Anforderung hätte er dann an seine Führungskräfte?
- Welches heimliche Motto hat Ihr Bereich?
- Welches Lied wäre die passende „Hymne" für Ihren Bereich?
- Wenn man Ihrem Bereich ein tolles Weihnachtsgeschenk mache wollte, was wäre das?
- Wenn es Ihrem Bereich schlecht geht, welche Symptome entwickelt er dann?
- In welchem Lebensalter/Entwicklungsstadium ist Ihr Bereich? (Baby, Kleinkind, Schulalter, Pubertät, ... oder Greisenalter)
- Wenn Ihr Bereich ein Tier wäre, welches wäre er dann?
- Wie könnte man Ihren Bereich schwächen?
- Wenn man Kunden erklären würde, wozu Ihr Bereich da ist und was er kostet, würden die Kunden sagen: Ja, den *brauchen* wir?
- Welche prägenden (Führungs-)Figuren gab es in Ihrem Bereich *vor* Ihrer Zeit? Wofür standen sie und was war deren Botschaft?
- Wer würde es als Erste(r) bemerken, wenn Sie nicht mehr da wären?
- Wenn man nur eine einzige Geschichte erzählen dürfte, um Ihren Bereich zu charakterisieren, welche wäre das?
- Was haben Sie bisher verschwiegen?
- Welche Fragen über Ihren Bereich sollte man noch stellen?

- Wie haben Sie Ihren Bereich bisher geprägt?
- Wie hat Ihr Bereich *Sie* geprägt?
- Welche Höhen und Tiefen gab es in Ihrem Bereich? Wie ist man aus Krisen wieder herausgekommen? Was also ist die Stärke des Bereichs?
- Was sind die Herausforderungen der Zukunft für Ihren Bereich?
- Was sind die „Risiken und Nebenwirkungen" Ihres Bereichs? Welche Tabus gibt es? Wie lauten die ungeschriebenen Gesetze?

Diagnostik

Die folgenden Impulse sind an den Coach gerichtet und helfen ihm, sich seine eigenen Ressourcen in diesem Arbeitsfeld bewusst zu machen. Die Fragen werden hier im Zusammenhang mit dem didaktischen Prinzip des konstruktivistischen Denkens eingesetzt. Es geht darum, welche Ressourcen Ihnen als *Coach* und *Berater* zur Verfügung stehen, die Ihnen für die Arbeit behilflich sein werden.

- Welche drei Ereignisse oder Erfahrungen in Ihrem Leben könnten als Ressourcen für Ihre Coaching-Arbeit dienen?
- Welche Menschen in Ihrem Leben waren Ihnen Vorbilder, Lehrer oder auf andere Weise bedeutsam? (Dahinter steht der Gedanke: Der Mensch ist ein Produkt seiner Begegnungen.)
- Wie möchten Sie Ihre Erfahrungen und Begegnungen als Ressourcen für Ihre Rolle als Coach und Berater nutzen?

Das didaktische Prinzip „Mentale Modelle hinterfragen!" – praktisch angewendet im Coaching

Man geht grundsätzlich davon aus: „Menschen denken ständig über andere nach und darüber, was andere über sie denken und was andere denken, dass sie über andere denken usw. Man fragt sich, was nun in den anderen vorgehe, man wünscht oder fürchtet, dass andere Leute wissen könnten, was in einem selbst vorgeht." (Laing u. a.: *Interpersonelle Wahrnehmung*, Frankfurt a. M.: Suhrkamp, 1971, S. 37)

In Abhängigkeit von unseren mentalen Deutungsmustern, die sich im Laufe unseres Lebens entwickeln, deuten wir unsere eigene Wirklichkeit. Diese Deutungsmuster bilden den Rahmen, innerhalb dessen wir eintreffende Informationen interpretieren und bewerten. Die *Veränderung* unserer Wahrnehmungsmuster, mit denen wir Informationen, Ereignisse und Erfahrungen deuten, nennt P. Watzlawick „Reframing". Die Interaktion zwischen Coach und Coachee sollte immer auch solche *Umdeutungsprozesse* beinhalten, damit der Coachee seine eigenen Deutungen erkennen, vergleichen und eventuell durch andere, brauchbarere und lebensrelevantere Deutungen ersetzen kann. Ein Impuls in Richtung Persönlichkeitsbildung tritt immer dann auf, wenn eine Differenz zwischen bekannten Deutungsmustern einerseits und neuartigen Informationen andererseits empfunden wird.

Das didaktische Prinzip „Mentale Modelle hinterfragen!" animiert zum Aufdecken, Aufbrechen und Verändern eigener mentaler Modelle. Mentale Modelle sind tief verwurzelte Deutungsmuster und Annahmen, Verallgemeinerungen oder auch Bilder und Symbole, die großen Einfluss darauf haben, wie wir die Welt wahrnehmen und wie wir handeln. Mentale Modelle sind innere Vorstellungen und (Vor-)Urteile, wie jeder Mensch sie in sich trägt. Es sind Sichtweisen und Überzeugungen, die wir Menschen von uns selbst, von anderen und von der Welt und ihren Phänomenen haben. Dieses didaktische Prinzip soll dazu beitragen, verborgene, unbewusste Vorstellungen und Vorurteile gegenüber sich und anderen Menschen, aber auch gegenüber anderen Ideen und Handlungsweisen, zum Vorschein zu bringen; Vorstellungen, die für die Persönlichkeitsbildung enorm hinderlich sein können und aufgelöst werden sollten, wenn man offen sein will für Veränderungs- und Umdenkprozesse.

Wie können wir *neue* mentale Modelle entwickeln?

Heute weiß man, dass unser Gehirn anders funktioniert, als noch vor wenigen Jahrzehnten gedacht. Es ist ein Organ, das viel mehr kann, als uns nur dazu zu befähigen, uns an die Wirklichkeit anzupassen – es kann seine eigene Wirklichkeit und eigene Überzeugungen „erfinden", in die alle Erfahrungen eingeordnet werden. Und es kann sich an die Wirklichkeitskonzepte anderer Gehirne anpassen – eine Leistung, die Kommunikation mit anderen überhaupt erst möglich macht.

Wir wissen heute auch, dass der Mensch nur einen Bruchteil seines Potenzials ausschöpft und nur 5 bis 10 Prozent des Gehirns wirklich nutzt. Der Zugang zu dem brachliegenden Potenzial wird uns unter anderem durch das Festhalten an alten mentalen Modellen und schlechten Gewohnheiten versperrt. Wenn man sich selbst besser kennenlernt, sich alte, „schädliche" Programme und Überzeugungen bewusst macht, hat man schon einen wichtigen Schritt getan, um sein eigenes Leben bewusst und kreativ zu gestalten.

Um *neue* mentale Modelle zu entwickeln, muss man zunächst (neue) *Erfahrungen* sammeln. Durch bestimmte Übungen können entweder ganz neue Erfahrungen gemacht oder bereits gemachte Erfahrungen im Geiste reproduziert werden. Im nächsten Schritt werden diese Erfahrungen bewusst gemacht und daraus werden *Überzeugungen* gebildet. Neue Überzeugungen entstehen, indem Erfahrungen mit bestimmten *Erklärungen* verbunden werden. Wichtig ist, dabei immer im Blick zu behalten, dass es *keine objektiv gültigen* Überzeugungen gibt, nur subjektive. Und es erscheint vernünftig, sich solche Überzeugungen „auszuwählen", die das eigene Leben bereichern und nicht einschränken.

Methodik
Mit den im Folgenden beschriebenen Instrumenten kann man das didaktische Prinzip „Mentale Modelle hinterfragen" in die Praxis umsetzen.

Reframing
Das Reframing (Umdeutung) ist als eine Technik der systemischen Beratung bekannt. Denkmuster, Zuschreibungen, Erwartungen stellen einen Rahmen (engl. *frame*) dar, eine Ordnung, nach der Ereignisse wahrgenommen und interpretiert werden. Bekanntes Beispiel: Das gleiche Glas Wasser kann entweder als halb voll oder als halb leer beschrieben werden. Obwohl scheinbar das Gleiche bezeichnet wird, sind Akzent und Bedeutung der Beschreibung jeweils unterschiedlich, weil das Glas einmal in einen eher positiven und das andere Mal in einen eher negativen Rahmen gesetzt wird. Gelangt man von seiner Interpretation als halb leeres zur Interpretation als halb volles Glas, so hat ein Reframing, eine Umdeutung, stattgefunden.

Es ist schwer zu sagen, wer diese Methode als Erster angewandt hat, da das Prinzip schon existierte und praktiziert wurde, bevor man es als solches explizit benannte. Reframing ist etwas, was wir alle aus dem Alltag kennen, aber oft nicht bewusst einsetzen. *Eine* bewusste Anwendung dieses Prinzips stellt etwa das positive Denken dar, bei dem die Ereignisse des Lebens grundsätzlich unter positiven Vorzeichen betrachtet werden. Eine andere bekannte Form des Reframings begegnet uns beim Witz: Dort wird ein gewöhnliches, alltägliches Ereignis in einen neuen, untypischen Rahmen gestellt, wodurch eine missverständliche und unterhaltsame Wirkung erzielt wird, da der Zuhörer in seiner Deutung der Situation zunächst von einem anderen (typischen) Rahmen ausgegangen ist.

Innere Antreiber

Die Transaktionsanalyse spricht von Lebensskript und meint damit das Lebensmuster des Menschen, nach dem sich sein Leben vollzieht. Die ersten Entscheidungen, die ein bestimmtes Skript fundieren, werden in der Kindheit gefällt, in einer Zeit, in der das Kind noch nicht einmal sprechen gelernt hat. Diese Entscheidungen werden in ganz erheblichem Maße von den Eltern beeinflusst, da sie von den ersten Lebenstagen eines Kindes an diesem vermitteln, ob seine Ansichten über sich selbst, die anderen und die Welt zutreffen, oder mit anderen Worten: in Ordnung sind.

Dieses Lebensskript beinhaltet auch mentale Verhaltensmodelle, die die Transaktionsanalyse die Antreiber-Verhaltensweisen oder einfach (innere) Antreiber nennt. Dabei handelt es sich um Botschaften, die in unserer Kindheit unter dem Einfluss der elterlichen Erziehung oder anderer starker Erziehungspersonen entstanden sind. Diesen Antreiberbotschaften stehen aber auch „Erlaubnisse" gegenüber, die den gleichen Ursprung haben und zugleich die Chance bieten, aus einem bestimmten Antreiber auszusteigen.

Grundsätzlich werden im Rahmen der Transaktionsanalyse fünf Antreiber unterschieden

- Sei perfekt!
- Sei (anderen) gefällig!
- Streng dich an!
- Sei stark!
- Beeil dich!

Hinter ihnen steht jeweils der Wunsch nach Erfüllung eines menschlichen Grundbedürfnisses. Die fünf Antreiber entsprechen folgenden fünf Grundbedürfnissen:

Antreiber-Verhalten	Grundlegendes Bedürfnis
Sei stark!	Sicherheit in sozialen Kontakten
Sei perfekt!	Das Wissen und Können entsprechend den eigenen Fähigkeiten zu entfalten
Sei (anderen) gefällig!	Liebe, Zugehörigkeit
Beeil dich!	Die Fülle des Lebens zu erfahren
Streng dich an!	Etwas zu leisten

Dabei ist jeder der genannten Antreiber durch eine bestimmte Kombination von Äußerungsformen charakterisiert, die in den Worten, der Sprechweise, der Gestik, der Körperhaltung und der Mimik des Menschen zum Ausdruck kommt. Jeder der genannten Antreiber ist auch durch eine Abwertung der eigenen Persönlichkeit gekennzeichnet, die den Antreiber mit den unzureichenden Möglichkeiten des Menschen, ihm gerecht zu werden, in Beziehung setzt.

Antreiber	Abwertung
Sei perfekt	Ich muss noch besser werden. Ich bin noch nicht gut genug.
Sei (anderen) gefällig!	Ich muss es allen recht machen. Ich muss alle zufriedenstellen.
Streng dich an!	Ich muss mich (mehr) bemühen. Ich muss versuchen, es zu schaffen, auch wenn es mir nicht gelingen wird.
Sei stark!	Ich darf keine Schwäche zeigen. Ich darf nicht ratlos wirken.
Beeil dich!	Ich werde nie fertig damit. Ich darf keine Zeit vergeuden.

Wenn man beim Coaching feststellen will, ob der Coachee ein bestimmtes Antreiberverhalten hat, genügt es natürlich nicht, ein einziges Merkmal für den jeweiligen Antreiber zu erkennen. Nötig ist für die Analyse von Antreiberverhalten, dass *mehrere* Indizien für den betreffenden Antreiber gleichzeitig auftreten. Denn es ist überhaupt nichts Außergewöhnliches, dass jeder von uns einzelne Verhaltensweisen besitzt, die einem der Antreiber zugeordnet werden können. Es geht im Coaching-Prozess darum, herauszufinden, welcher Antreiber am häufigsten vorkommt bzw. welcher „als erster durchkommt", wenn man auf etwas reagiert. Dieser Antreiber wird als Primärantreiber bezeichnet.

Glaubenssätze

Die Glaubenssätze, also die „Wahrheiten", von denen der Coachee fest überzeugt ist, prägen sein Denken, Fühlen und Handeln. Oft übersieht er, dass seine Sicht der Dinge nur eine von mehreren möglichen und eben nicht „die Wahrheit" ist. Glaubenssätze sind Annahmen und Überzeugungen, die wir uns aus bestimmten Erlebnissen oder Erfahrungen gebildet oder die wir von anderen Menschen übernommen haben. Typische Glaubenssätze sind etwa:

- „Andere wollen dich immer übers Ohr hauen."
- „Geld macht arrogant."
- „Abteilungsleiter sind egoistisch."
- „Kolleginnen können nicht sachlich bleiben."

Glaubenssätze sind sehr häufig Verallgemeinerungen, die etwas sozusagen in Stein meißeln, was so nicht immer zutrifft. Damit machen wir uns das Leben oft schwer, denn wir verschließen uns damit der Möglichkeit, andere, vielleicht viel positivere Erfahrungen zu machen.

Glaubenssätze, Überzeugungen geben uns Halt und ein Gefühl von Sicherheit. Sie sind für viele Menschen wie Geländer, an denen man sich entlanghangeln kann und die vor Enttäuschungen schützen. Tatsächlich aber können diese Überzeugungen einen großen Teil dazu beitragen, dass wir immer wieder Enttäuschungen erleben, da wir selbst durch unsere Erwartungshaltung oft genau solche Situationen anziehen, in denen wir uns in unserem Glaubenssatz bestätigt sehen.

Im Folgenden beschreibe ich fünf hilfreiche Übungen, Aufgaben oder Schritte, mit denen der Coachee seine Glaubenssätze hinterfragen und gegebenenfalls verändern kann.

1. Finden Sie heraus, was Sie glauben!
Der erste Schritt ist der, sich seiner Glaubenssätze überhaupt erst einmal bewusst zu werden. Viele unserer Überzeugungen sind nämlich so tief in uns verankert, dass wir uns gar nicht dessen bewusst sind, dass es sich um Glaubenssätze, um Annahmen handelt.

Registrieren Sie einmal wachsam jeden Satz, den Sie mit einem Brustton der Überzeugung sagen oder denken. Auch wenn Sie Worte wie „immer" oder „alle" verwenden, könnten sich hinter den betreffenden Aussagen Glaubenssätze verbergen. Wann immer also jemand anders seine Meinung kundtut, nehmen Sie (ab sofort) Ihre eigenen Gedanken dazu wahr. Stimmen Sie zu oder geht Ihnen eine andere Überzeugung durch den Kopf?

Schreiben Sie alle Glaubenssätze auf, die Sie finden.

Hier können Sie schon einmal beginnen, indem Sie die Satzanfänge ganz spontan vervollständigen:

- Immer wenn ...
- Alle ...
- Jeder ...
- Keiner ...

2. Überprüfen Sie einmal, was Sie von anderen Menschen übernommen haben!
Viele unserer Glaubenssätze haben wir von Personen übernommen, die uns geprägt haben.

- Mein Vater sagte immer: ...
- Meine Mutter sagte oft: ...
- Der Lieblingsspruch meines Chefs war: ...
- Von meinen Kollegen hörte ich immer: ...
- Eine Lektion, die mein erster Lehrer ständig wiederholte: ...

- Der wichtigste Satz meiner Kindheit lautete: ...
- Eine bittere Lehre, die ich nie vergessen werde, ist: ...

Gehen Sie nun jede dieser Aussagen einmal ganz in Ruhe durch und fragen Sie sich, ob Sie das auch heute noch so sehen möchten oder nicht:

- Macht der jeweilige Satz jetzt Sinn für Sie?
- Dient er dazu, Ihnen das Leben einfacher zu machen?
- Ist er geeignet, Sie glücklich und zufrieden zu machen?
- Fallen Ihnen vielleicht viel bessere Sätze und Überzeugungen ein? Schreiben Sie diese am besten gleich auf!

3. Beginnen Sie damit, Glaubenssätze ungezwungen zu hinterfragen!
Achtung: „Hinterfragen" heißt nicht gleich „aufgeben". Viele unserer Glaubenssätze erfüllen eine wichtige Funktion und es tut uns nicht gut, sie einfach aufzugeben. Der Ansatz des Hinterfragens ist ein viel sanfterer. Stellen Sie dazu Fragen wie:

- Wie könnte eine andere Meinung dazu lauten?
- Wie könnte eine Situation aussehen, in der das nicht zutrifft?
- Wie würde sich wohl das genaue Gegenteil dieser Ansicht anfühlen und was würde ich dann denken?
- Wie könnte jemand das Ganze sehen, der von der anderen Seite der Erde kommt?
- Wie könnte ich das vielleicht in 20 Jahren sehen?

4. Lernen Sie die Glaubenssätze anderer Menschen kennen!
Hören Sie anderen Menschen aufmerksam zu. Sie können hier mit ein bisschen Übung viele neue Glaubenssätze kennenlernen. Entscheidend ist, dass Sie sich durch andere Ansichten

nicht gleich bedroht fühlen, sondern viel mehr offen und neugierig andere Sichtweisen "sammeln". Überlegen Sie, welche Überzeugungen vielleicht nützlich sein könnten, und notieren Sie diese für sich. Hier eine kleine Auswahl:

- Jeder Mensch hat ein Recht darauf, glücklich zu sein.
- Jeder sollte sich einmal am Tag etwas Gutes tun.
- Probleme sind Chancen und ich kann aus allen Situationen etwas lernen.
- Jeder Tag ist ein kleiner Neuanfang.
- Alles hat seinen Sinn.

5. Hinterfragen Sie einmal für sich die Ihnen bekannten Sprichwörter!

Sicher haben Sie auch zahlreiche Sprichwörter und sogenannte Lebensweisheiten parat. Aber wie nützlich oder hilfreich sind sie wirklich? Haben Sie vielleicht auch die folgenden im Kopf:

„Wer hoch hinaus will, kann tief fallen."
„Besser den Spatz in der Hand als die Taube auf dem Dach."

Könnte es sein, dass Sie sich mit diesen Einstellungen selbst bremsen? Achten Sie einmal ganz bewusst auf Sprichwörter, die Ihnen immer wieder durch den Kopf gehen, und fragen Sie sich, ob Sie sie nicht ggf. durch neue ersetzen wollen oder sollten.

Linguistik

Hier folgt nun als eine Art Zusammenfassung zum didaktischen Prinzip „Mentale Modelle hinterfragen!" mein Credo im Zusammenhang mit den mentalen Modellen:

- Persönlichkeitsbildung hängt von der kontinuierlichen Verbesserung der mentalen Modelle ab.
- Zwingen Sie niemandem ein von Ihnen selbst favorisiertes mentales Modell auf. Erfolgreiche Arbeit mit mentalen Modellen hängt davon ab, dass Entscheidungen selbstständig getroffen werden.
- Selbstständig getroffene Entscheidungen führen zu tieferen Überzeugungen und einer effektiveren Umsetzung.
- Verbesserte, konstruktive mentale Modelle befähigen den Coachee dazu, sich besser in seiner Arbeits- und Lebenswelt zu bewegen
- Der Coach hat die Aufgabe, mentale Modelle bei sich und beim Coachee zu überprüfen und gegebenenfalls zu verändern, nicht aber, Entscheidungen für den Coachee zu treffen.
- Vielfältige mentale Modelle eröffnen vielfältige Perspektiven.

Diagnostik

Abschließend nun wieder ein Reflexionsimpuls zum didaktischen Prinzip „Mentale Modelle hinterfragen!":

Wir befinden uns ständig in einem inneren Dialog mit uns selbst. Wir erzählen uns unentwegt, wie wir die Wirklichkeit erfahren. Und mit diesem inneren Kommentar zu allem, was wir mit unseren Sinnen aufnehmen, prägen wir unsere Wahrnehmung und unser Erleben. Der Prozess des inneren Dialogs geschieht bei den meisten Menschen mehr oder weniger ohne aktive Steuerung. Und wir *identifizieren* uns mit den in uns entstehenden Gedanken und Gefühlen!

Schädlich für unsere Entwicklung und positive Veränderung ist es, wenn wir negative Überzeugungen unser Leben lang unreflektiert mit uns tragen. Alte Programme, die in uns ablaufen

(„Das kann ich nicht." – „Ich bin nicht attraktiv genug." Usw.) hindern uns daran, Chancen wahrzunehmen, beruflich oder privat.

Techniken, die helfen, den inneren Dialog wahrzunehmen und hinderliche Faktoren zu lösen:

Erste Übung zur Reflexion: Entspannen Sie sich und lassen Sie ihren Gedanken freien Lauf. Dann beginnen Sie, alle Gedanken aufzuschreiben, die Ihnen durch den Kopf gehen – unzensiert! Nach circa 15 Minuten analysieren Sie Ihre Niederschrift auf vergleichbare und immer wiederkehrende Gedankenmuster.

Zweite Übung zur Reflexion: Entspannen Sie sich und lassen Sie ihren Gedanken freien Lauf. Dann beginnen Sie, die negativsten Gedanken über sich selbst, über Mitmenschen oder das Leben im Allgemeinen aufzuschreiben. Durch Aufschreiben und Bewusstmachen wird diesen negativen Gedanken viel von ihrer zerstörerischen Kraft genommen.

Dritte Übung zur Reflexion: Teilen Sie ein Blatt in zwei Spalten und schreiben Sie in die *linke* Hälfte, wie etwas z. B. während einer Besprechung oder im Coaching von Ihnen empfunden bzw. verstanden wurde, und in die rechte Spalte schreiben Sie den tatsächlichen Wortlaut.

Die „linke Spalte"	Die „rechte Spalte"
Was ich denke	Was gesagt wird
....	....

Beim Vergleich der Spalten lässt sich der Grad der mentalen Manipulation leicht erkennen; unabhängig davon, ob wir durch unsere wahren Emotionen und Gedanken die Situation verbessern oder verschlechtern wollten, *beeinflussen* unsere mentalen Modelle unsere Wahrnehmung und Interaktion.

Diese Methode erlaubt eine genaue Reflexion des Gesagten mit den dabei aufgetretenen Gefühlen und ermöglicht es uns, Überreaktionen und vor allem verborgene Annahmen zu erkennen und zu hinterfragen. Diese bewusste Kenntnis befähigt uns dazu, das Gespräch anschließend in konstruktive Bahnen zu lenken.

Das Prinzip „Kontextualisieren!" – praktisch angewendet im Coaching

Immer wieder stößt man auf den Irrtum, Persönlichkeitsbildung sei rein am Individuum, am einzelnen Menschen ausgerichtet. Die soziale und systemische Dimension des Ansatzes der Persönlichkeitsbildung spiegelt sich demgegenüber in der gesamten Pedaktik wieder – und am stärksten im didaktischen Prinzip der Kontextualisierung.

Tatsächlich richtet dich die Pedaktik auf den Menschen *mit all seinen relevanten sozialen Beziehungen und strukturellen Bezogenheiten*. Mit der Pedaktik ist der Mensch immer auch in seinen sozialen Bezügen gemeint, im jeweiligen System. Die individuelle und die relationale Dimension des Personseins und Personwerdens, die Selbstständigkeit und das Angewiesensein auf Beziehungen sowie der gesamte „Kontext" des Menschen sind für die Persönlichkeitsbildung gleichermaßen bedeutsam. Persönlichkeitsbildung kann in keiner Phase ohne die interaktionellen Aspekte im Kontext gesehen oder gefördert werden. Persönlichkeitsbildung findet in der Interaktion mit dem Kontext statt.

Methodik

Hier werden drei verschiedene Instrumente vorgestellt, die dem didaktischen Prinzip der Kontextualisierung entsprechen: Organigramm, Soziogramm und Rollentausch. Gleichzeitig wird jeweils auch die Kontextebene genannt, auf die die jeweilige Technik gerichtet ist.

Das Organigramm – Kontextebene: Struktur
Ein Organigramm (Organisationsplan, Organisationsschaubild, Stellenplan) ist die grafische Darstellung des Aufbaus einer Organisation oder eines Unternehmens. Organisatorische Einheiten sowie deren Aufgabenverteilung und Kommunikationsbeziehungen werden daraus ersichtlich.

Beispiel für ein Organigramm:

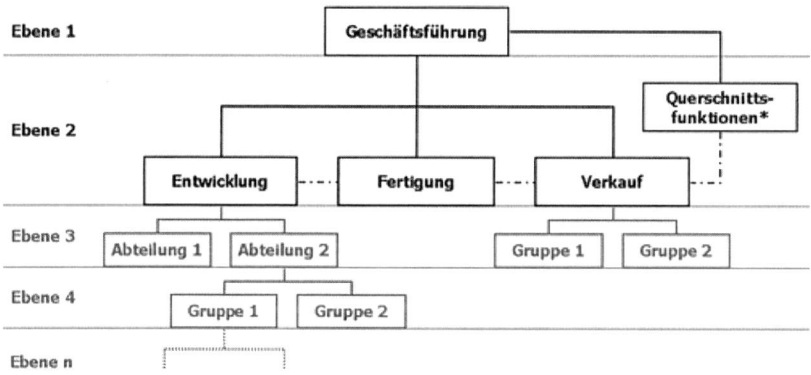

* z. B. Qualitätsmanagement, Controlling, Sekretariat

Im Coaching lasse ich den Coachee nicht nur die Struktur der Organisation aufzeichnen, sondern auch Angaben zu den einzelnen Personen: Alter, Geschlecht, Dauer der Betriebszugehörigkeit, evtl. „Koalitionen". Diese Faktoren lasse ich vom Coachee interpretieren:

Was bedeutet die unterschiedliche Dauer der Betriebszugehörigkeit und welches Symptom oder welche Kommunikationskultur wird dadurch sichtbar? Wie gehen die erfahrenen Mitarbeiter mit neuen um? Was bedeutet die unterschiedliche Altersstruktur der Personen in der Organisation und welches Symptom wird dadurch sie in der Hierarchie sichtbar? Was bedeutet es für die Zusammenarbeit, wenn der Chef bedeutend jünger ist als seine Mitarbeiter?

Das Soziogramm – Kontextebene: Beziehung
Ein Soziogramm ist die grafische Darstellung der Beziehungen in einer Gruppe, etwa in einer Abteilung oder in einem Unternehmen. Ausgehend von Daten einer Erhebung oder aus der Befragung im Coaching werden in der Darstellung Beziehungen beispielsweise durch Pfeile symbolisiert. Ein häufiges Anwendungsgebiet stellt die Analyse der Beziehungen zwischen den Abteilungen und den Individuen in einem Unternehmen dar, um Arbeitsabläufe zu optimieren.

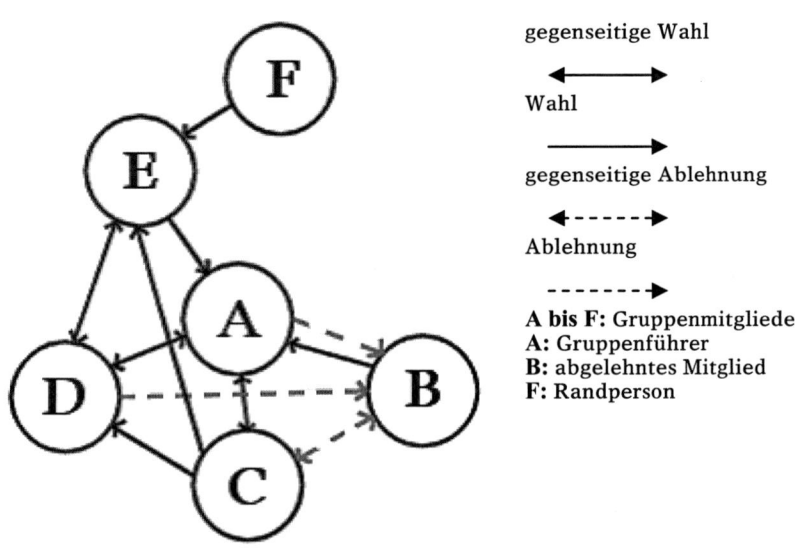

Das Soziogramm stellt schließlich die Beziehungen der Gruppenmitglieder grafisch als Netzwerk dar. Mittels verschiedener Formeln können dann Kennzahlen (Status eines Einzelnen, soziales Integrationsmaß etc.) ermittelt werden. Grenzen der Soziometrie liegen in der Größe der analysierbaren Gruppe und in der objektiven Aussagekraft ihrer Resultate.

Im Coaching dient ein Soziogramm dazu, dem Coachee die Beziehungslandschaft einer Gruppe oder Abteilung und die damit verbundenen eigenen und fremden Erwartungen und Strategien bewusst zu machen. Dazu betrachtet er den Bereich oder die Gruppe und die aktuelle Situation/Aufgabe und erstellt dann ein persönliches Netzwerk von Personen und Interessengruppen.

Vorgehen im Coaching:

- Definieren Sie alle aus Ihrer Sicht wichtigen Bezugsgruppen/Personen in und um Ihren Bereich. Dies können Einzelpersonen, informelle Gruppen oder formale Organisationseinheiten sein.
- Wählen Sie daraus die sieben aus Ihrer Sicht wichtigsten aus.
- Wenn sich unter ihnen Gruppen oder Organisationseinheiten befinden, dann bestimmen Sie bitte zugleich jeweils eine zentrale Bezugsperson, die sozusagen die Gruppe repräsentiert.
- Wählen Sie ein großes Papier (Flipchart) und zeichnen Sie sich selbst mit Namen und Funktionsbezeichnung in die Mitte.
- Bestimmen Sie nun durch die Größe der Kreise jeweils die organisatorische Bedeutung der ausgewählten Personen/Gruppen.
- Bestimmen Sie anschließend die (emotionale) Nähe/Distanz zu sich selbst. Nutzen Sie die ganze Fläche des Papiers.

- Bestimmen Sie durch die Strichstärke die Häufigkeit der Kommunikation (hoch, mittel, gering) mit diesen Personen oder Gruppen.
- Für die Kommunikation können Sie folgende Zeichen verwenden:
  + positiv
  ✥ blockiert
  Ein Blitz steht für konfliktreiche Beziehungen.
- Bestimmen Sie nun in Form von Stichworten die wichtigsten an Sie gerichteten Erwartungen der einzelnen Bereiche/Personen.
- Bestimmen Sie dann in Form von Stichworten die wichtigsten Erwartungen, die Sie an diese Bereiche/Personen haben.

Unterstützende Fragen:

- Wo stecken möglicherweise noch ungenutzte Ressourcen oder Synergien?
- Wo können Sie Unterstützung, Rat oder Entlastung finden?
- Wo können Sie Kontakte neu gestalten, entwickeln oder vertiefen?
- Wo sollten Sie Konflikten oder Erwartungen durch Klärung, Abstimmung usw. gegensteuern?

Wahrscheinlich haben Sie festgestellt, dass nicht alle Beziehungen reibungslos verlaufen. Dies kann an einer Rollenüberlastung, an einer ungenauen Rollenbeschreibung oder an einem Rollenkonflikt liegen.

Rollenüberlastung
Häufig ist es schwierig, alle gestellten Erwartungen zu erfüllen. Jedoch ist es auch nicht möglich, diese Erwartungen oder die

jeweiligen Personen einfach zu ignorieren oder zu vernachlässigen. Mögliche Lösungen:
Definieren Sie Ihr eigenes Arbeitsumfeld mit den spezifischen Rechten, Pflichten und Grenzen. Verschaffen Sie sich Klarheit darüber, was Ihren Bezugspersonen am wichtigsten ist. Wenn Sie Prioritäten setzen müssen, können Sie diese Abgrenzungen mit einbeziehen. Informieren Sie auch Ihr Umfeld, welche Erwartungen Sie erfüllen müssen und wie Sie Schwerpunkte setzen wollen.

Unklare Rollenbeschreibung
Sie werden möglicherweise festgestellt haben, dass Sie über die an Sie gerichteten Erwartungen nicht genau Bescheid wissen. Dies ist häufig eine Folgeerscheinung bei Umstrukturierungen oder bei prozessorientiertem Arbeiten. Mögliche Lösungen:
Erfragen Sie die Erwartungen der Bezugspersonen an Sie bzw. teilen Sie Ihre Vorstellungen mit. (Oft ist Ihren Kollegen oder Chefs diese Unklarheit nämlich gar nicht bewusst.)

Rollenkonflikt
Manchmal stellen Bezugspersonen widersprüchliche Erwartungen an Sie. Manchmal entsprechen die Erwartungen oder Ansprüche nicht Ihren Vorstellungen. Wenn diese Konflikte nicht gelöst werden, tritt häufig ein Motivationsverlust oder Leistungsabfall ein. Mögliche Lösung:
Führende Sie eine baldige Klärung mit allen betroffenen Personen herbei!

Der Rollentausch – Kontextebene: Perspektive
Beim Rollentausch leitet der Coach den Coachee dazu an, seine reale Rolle mit einer Person, die gerade im Coaching besprochen wurde, oder mit einer der im Soziogramm erfassten Per-

sonen zu tauschen. Dabei kann der Coachee einen leeren Stuhl sozusagen als Stellvertreter oder Platzhalter für sich selbst und einen anderen Stuhl als Platzhalter für den anderen Kollegen im Raum aufstellen und durch Stuhlwechsel jeweils in die Rolle des anderen schlüpfen. Er übernimmt jeweils die typischen Verhaltensweisen des anderen und verdeutlicht so dessen Wahrnehmung. Der Rollentausch wird vom Coach vorgeschlagen, um dem Coachee ein besseres Verständnis für die Perspektive des anderen zu ermöglichen. Das Einfühlungsvermögen wird durch den Rollenwechsel geschult.

Die Rollenübernahme ermöglicht es dem Coachee, sich selbst mit den Augen des anderen zu sehen und Differenzen zwischen Selbst- und Fremdwahrnehmung zu erkennen. Das eigene Verhalten kann aus der Distanz der neuen Rolle reflektiert, verdrängte Persönlichkeitsanteile können angenommen und integriert werden.

Im Rollentausch geht es nicht nur darum, eine beliebige Rolle zu spielen, sondern der Coachee übernimmt in seiner Vorstellung die Rolle seines aktuellen Gegenübers – die des Vorgesetzten oder die eines bestimmten Mitarbeiters. So kann der Coach (aber auch der Coachee selbst) leicht erkennen, wie der Coachee über sich und die andere Person denkt und handelt.

Anwendungsbereiche

In der Analysephase des Coachings dient die Technik dem Coachee (und dem Coach) zur Erkundung von Emotionen und Reaktionsbereitschaft beim Gegenüber des Coachees.

In der Veränderungsphase dient die Methode zum vertieften Rollentraining für zukünftige soziale Situationen.

Der Rollentausch hat folgende Effekte:

- Der Coachee kann potenzielle Emotionen und Reaktionsbereitschaften seines aktuellen Gegenübers (Vorgesetzter, Mi-

tarbeiter usw.) erlebnishaft – wenn auch hypothetisch – vorwegnehmen.
- Der Coach erhält einen vertieften Einblick in eine aktuell diskutierte Interaktion zwischen einem Coachee und seinem Gegenüber.

Linguistik

Hier sei nun eine der möglichen Fragetechniken vorgestellt, mit der man das didaktische Prinzip der Kontextualisierung im Coaching umsetzen kann.
Den Aspekt der vernetzten Sicht und kontextbezogenen Ganzheitlichkeit der Fragetechnik haben *systemische* Fragen. Systemisch – im Sinne systemtheoretischer Ansätze – sind diese Fragen dabei in zweierlei Hinsicht:

- Zum einen wenden sie sich an bestimmte (psychische oder soziale) Systeme (Individuen oder Gruppen von Individuen) mit der Frage, nach welcher Logik, d.h. nach welchen Annahmen, Regeln und Gesetzmäßigkeiten diese Systeme ihre Wirklichkeit konstruieren.
- Gleichzeitig fokussieren systemische Fragen Interaktionen und nicht kausale Ursache-Wirkungs-Ketten.

Systemische Fragen sind immer Problemdiagnose und Intervention zugleich. Sie sind Diagnose, weil sie dem Eruieren problemrelevanter Annahmen, Modelle und Hypothesen dienen. Sie sind Intervention, weil sie zugleich neue Differenzierungen, Sichtweisen und Optionen ins Spiel bringen. Dass sie damit Problemlösungsprozesse weiterführen können, sieht man manchmal schlicht daran, dass Menschen, denen systemische

Fragen gestellt werden, anfangen zu überlegen – was der erste Schritt einer Änderung sein kann.

Nachfolgend nun einige „Klassiker" systemischen Fragens:

Zirkuläre Fragen

A fragt B nach seinen Vermutungen hinsichtlich der Wünsche, Gedanken, Handlungen etc. von C; dabei kann C an- oder abwesend sein. In jedem Fall erfährt A etwas über Bs Hypothesen (seine mentalen Modelle) zum Verhalten von C. Diese Hypothesen können natürlich – wie grundsätzlich alle Hypothesen – mehr oder weniger zutreffend bzw. unzutreffend sein. *Als* Bs Hypothesen sind sie jedoch handlungsleitend und insofern relevant für Bs Verhalten gegenüber C. Für den Fall, dass C bei As Frage anwesend sein sollte, erhält C darüber hinaus zugleich auch eine Rückmeldung darüber, wie B sein Verhalten einschätzt und erlebt. Im Unterschied zu direkten Fragen (z.B.: A fragt C, wie es ihm gehe) führen zirkuläre Fragen dabei immer zum Einnehmen einer Außenperspektive auf das jeweilige System. Damit ermöglichen solche Fragen es, wichtige neue Informationen über die Interaktionsprozesse innerhalb des Systems zu generieren. Beispiele:

- Was schätzen Sie, wie Ihr Kollege sich gerade fühlt?
- Was glauben Sie, was Herr Müller von Ihnen erwartet?
- Was glauben Sie, wie beurteilt Ihr Chef die Beziehung zwischen Ihnen und Ihren Mitarbeitern?
- Was denken Sie, wie würde wohl der Markt reagieren, wenn Sie morgen eine Preissenkung um 5 % ankündigten?
- Aus der Sicht Ihrer Kunden: Wer bietet wohl bessere Servicequalität – Sie oder Ihre Mitbewerber?

Fragen zur Wirklichkeitskonstruktion
Fragen zur Wirklichkeitskonstruktion fragen danach, wie verschiedene Beteiligte den aktuellen Zustand, den Verlauf, die Ursachen und Kontextbedingungen einer Problemsituation wahrnehmen und einschätzen. Sie dienen dazu, individuelle Sichtweisen zu beleuchten und zu spezifizieren. Beispiele:

- Was tut Herr Schmidt, wenn er, wie Sie sagen, Ihnen gegenüber herablassend reagiert? Welche Verhaltensweisen zeigt er dann? Was könnte eine Kamera als sichtbares Verhalten registrieren?
- In welchen Situationen stört Sie das genannte Problem am meisten, wann stört es Sie besonders wenig? Gibt es auch Momente, in denen Sie das Gefühl haben, dass alles richtig gut läuft?
- Was denken Sie, wie es zur Unzufriedenheit dieses Kunden gekommen ist? Was hat den Kunden wohl besonders geärgert oder enttäuscht? Welche Erwartung hatte der Kunde wohl an Sie?
- Wie würden Sie die bisherige Projektentwicklung beschreiben? Was hat sich besonders gut, was hat sich nicht so gut entwickelt?
- Wie reagieren die anderen im Team auf die gespannte Situation zwischen Ihnen und Frau Meier? Haben Sie den Eindruck, dass sich die anderen lieber heraushalten, oder erleben Sie Parteinahme für sich oder die Kollegin? Wie hat sich der Konflikt auf die Stimmung im Team insgesamt ausgewirkt?

Fragen zur Möglichkeitskonstruktion
Fragen zur Möglichkeitskonstruktion sind hypothetische Fragen: Was wäre, wenn …? Der Sinn solcher Fragen liegt darin,

Wirkungszusammenhänge zu beleuchten und neue Handlungsoptionen zu eröffnen. Beispiele:

- Wenn die Probleme in den nächsten Monaten so bleiben, welche Auswirkungen wird das wohl auf die Beziehung zu den Kunden haben? Bei welchen Kunden bestünde die Gefahr, sie zu verlieren? Und wie würden wohl die anderen Kunden reagieren?
- Wenn wir das Nachfolgeprodukt im Preis um 10% gegenüber seinem Vorgänger anheben, welche Folgen wird das wohl für den Absatz in unseren wichtigsten Märkten haben? Und wie wären wohl die zu erwartenden Folgen bei einer Preisanhebung um 5%?
- Wenn wir Ihren Abteilungsleiter fragen würden, wie er die momentane Atmosphäre in Ihrem Team sieht, was würde er wohl antworten?
- Wenn Sie sich entscheiden würden, deutlicher als bisher Ihre Wünsche und Erwartungen zu artikulieren, wen im Team würde das wohl am meisten überraschen? Wie würde derjenige wohl reagieren? Würde er auf Ihre Wünsche eingehen oder würde er sich widersetzen?

Diagnostik

Abschließend ein kurzer Impuls zur Selbstreflexion des Coachs:

- Als Coach gehöre ich zum Kontext des Coachees!
- Warum ist es wichtig, dies zu wissen?
- Was bedeutet dies für meine Arbeit?

Was bedeutet das für den Coachee?

Schlusswort

Die Pedaktik® geht von einem utopischen Bildungsziel aus: „Persönlichkeitsbildung". Utopisch ist es in dem Sinne, dass dieses Ziel nie endgültig erreicht werden kann, weil dieser Bildungsprozess nie als abgeschlossen betrachtet werden kann. Dennoch kann die Persönlichkeitsbildung im Laufe eines längeren Prozesses an Substanz gewinnen und sich ausdifferenzieren. Dazu liefert die Pedaktik® einen wesentlichen Beitrag. Sie geht also nicht von einem Stufenmodell der Persönlichkeitsentwicklung aus, an deren Ende als „Krönung" die „entwickelte Persönlichkeit" steht. Viel mehr regt sie einen kontinuierlichen Bildungsprozess an. Alle Beteiligten sind gleichermaßen involviert – der Coach ebenso wie der Coachee.

Auch der Coach hat Teil am Prozess der Persönlichkeitsbildung. Illustrieren möchte ich dies abschließend anhand der vier didaktischen Prinzipien, die die Pedaktik® charakterisieren:

- Elementarisieren!
- Konstruktivistisch denken!
- Mentale Modelle hinterfragen!
- Kontextualisieren!

Entsprechend diesen vier Prinzipien soll der Prozess der Persönlichkeitsbildung angeregt werden. Sie animieren zum Verdichten, Umdeuten, Reflektieren und Erweitern der eigenen Perspektiven.

Mit dem didaktischen Prinzip „Konstruktivistisch denken" stellt der Coach seine Wahrnehmungs- und Wirklichkeitskonstruktion dem Coachee als Differenzerfahrung zur Verfügung – wie auch umgekehrt. Im Sinne des didaktischen Prinzips „Mentale Modelle hinterfragen" wird er durch die Analyse der Denkgewohnheiten des Coachees unwillkürlich mit seinen eigenen Denkgewohnheiten konfrontiert. Beim Prinzip des „Elementarisierens" erlebt er seine Emotionalität in dem Maße, in dem er dem Coachee in seine emotionale Erlebniswelt folgt. Nach dem didaktischen Prinzip „Kontextualisieren" wird durch die Umfeldanalyse des Coachees deutlich, dass der Coach zum Kontext des Coachees gehört, genauso wie der Coachee zum Kontext des Coachs.

Auch dank seiner didaktischen Haltung kann sich der Coach der Wechselwirkung des Beziehungsangebotes nicht entziehen – er arbeitet sogar aktiv damit. Der Coachee ist für den Coach in dieser Wechselwirkung also ebenso eine wertschätzende „Provokation" wie umgekehrt. Ich möchte dem Missverständnis vorbeugen, dass der Coach in puncto Persönlichkeitsbildung „besser" sein müsse als sein Coachee. Es geht nicht um besser und reifer – es geht um das Einlassen auf den wechselseitigen Bildungsprozess. Letztlich geht es „nur" um eine wahrhaftige, bewusste und reflektierte Beziehung – nicht um das Erreichen eines Ideals. Der Coach hat dabei den Vorteil, dass er mit der Pedaktik® sozusagen eine didaktische „Landkarte" besitzt, die ihm hilft, Phänomene der Begegnung einzuordnen und sie als Navigationsimpulse zu benutzen. Der Gedanke einer idealisierten Persönlichkeit (als Ziel der Persönlichkeitsbildung) kommt vielleicht auf, weil die Pedaktik® als Theorie einen *ganzheitlichen* Prozess zu kategorisieren und einzelne Elemente zu beschreiben versucht, die eigentlich ein Ganzes sind und im Prozess der Persönlichkeitsbildung *gleichzeitig* auftreten. Es geht also in der Anwendung der Pedaktik® darum, ihre Kategorien nicht der Reihe nach „abzuarbeiten", sondern sie sozusagen als theoretische „Wegweiser" auf einer didaktischen Landkarte zu verstehen.

Ich hoffe, dass ich mit der Pedaktik® einen Beitrag dazu leisten kann, dass der „Faktor" der menschlichen Zuwendung in vielen Berufsfeldern und vor allem in Unternehmen nicht an Wertigkeit verliert, sondern gewinnt. Die Pedaktik® bildet in vielerlei Hinsicht die Summe meiner eigenen Erfahrungen und Ausbildungen und ist das Fundament meiner Arbeit geworden. Ich freue mich über alle, die durch diesen Ansatz in ihrer Persönlichkeitsbildung unterstützt werden und daher ein bisschen mehr Menschlichkeit in die Welt tragen.

Danksagung

Noch lange nach meiner didaktischen Ausbildung wurde ich in den letzten Jahren stark von Herrn Professor Xaver Fiederle (PH Freiburg) inspiriert und dazu animiert, meine eigenen Gedanken zur Didaktik zu entwickeln. Für seine uneigennützige und fördernde Art danke ich ihm sehr.

Mein Dank gilt aber auch allen anderen Menschen, die mich auf dem Weg zur Pedaktik® inspiriert haben: Lehrer, Kunden, Kollegen, Freunde und meine Familie – alle haben dazu beigetragen, dass dieses erste Werk der Pedaktik® entstehen konnte.

Schließlich danke ich meinem Lektor Norbert Gehlen, der mit seiner professionellen Kompetenz dazu beitrug, dass meine Gedanken zu einem (hoffentlich!) lesbaren Buch geformt wurden.

Literaturempfehlungen

Schwerpunkt Coaching

Hier nur eine kleine Auswahl, die aber genügend Anregungen gibt und Vertiefung ermöglicht:

Migge, Björn: *Handbuch Coaching und Beratung,* Weinheim: Beltz, 2007

> (Björn Migge gibt einen einzigartigen Überblick über wichtige Modelle und Methoden. Der gute theoretische Grundstock wird vertieft durch zahlreiche Übungen und Falldarstellungen. Es geht ihm darum, bekannte Werkzeuge und Methoden aus der Coaching- und Beratungspraxis anschaulich zu erklären und zu kombinieren, damit Coachs und Berater ihren Klienten effektiver helfen können. Das Buch dient sowohl als anwendungsorientierte Modell- und Methodensammlung wie auch als breite Einführung.)

Radatz, Sonja: *Beratung ohne Ratschlag. Systemisches Coaching für Führungskräfte und BeraterInnen,* Wien: ISCT, 2001

> (Systemisch-konstruktivistischer Ansatz, sehr gut verständlich, fundiert, viele Methoden.)

Radatz, Sonja: *Coaching-Grundlagen für Führungskräfte. Mit Coaching neue Weichen in der Führung stellen,* Wien: Verlag Systemisches Management, 2007

> (Das Buch ist eine Fundgrube für praktische Konzepte und Tools.)

Rauen, Christopher (Hrsg.): *Handbuch Coaching,* Göttingen: Hogrefe, 2005

> (In 23 Kapiteln und auf insgesamt 559 Seiten bieten 26 renommierte Experten einen aktuellen und fundierten Überblick zu den Grundlagen, Konzepten und der Praxis von Coaching.
> Weitere Informationen und Downloads zum Handbuch Coaching finden Sie unter www.handbuch-coaching.de)

Weiterführende Literatur

Bauer, Joachim: *Warum ich fühle, was du fühlst. Intuitive Kommunikation und das Geheimnis der Spiegelneurone*, Hamburg: Hoffmann und Campe, 2006

> (Das erste Buch über die Spiegelzellen, die Grundlagen unserer emotionalen Intelligenz. Warum können wir uns intuitiv verstehen, spontan fühlen, was andere fühlen, und uns eine Vorstellung davon machen, was andere denken? Die Erklärung dieser Phänomene liegt in den Spiegelneuronen, die erst vor kurzem entdeckt worden sind. Sie ermöglichen uns emotionale Resonanz mit anderen Menschen, versorgen uns mit intuitivem Wissen über die Absichten von Personen in unserer Nähe und lassen uns deren Freude oder Schmerz mitempfinden. Sie sind die Basis von Empathie, „Bauchgefühl" und der Fähigkeit zu lieben.)

Bauer, Joachim: *Prinzip Menschlichkeit. Warum wir von Natur aus kooperieren*, Hamburg: Hoffmann und Campe, 2007

> (Kern aller Motivation ist es, zwischenmenschliche Zuwendung, Wertschätzung und Liebe zu finden und zu geben. Was wir im Alltag tun, wird meist direkt oder indirekt dadurch bestimmt, dass wir sozialen Kontakt gewinnen oder erhalten wollen. Bei dauerhaft gestörten Beziehungen oder dem Verlust von Bindungen kann es zu einem „Absturz" der Motivationssysteme kommen. Dann – und erst dann – setzen Aggressionen ein. Joachim Bauer beschreibt nicht nur, wie das „social brain" funktioniert, sondern führt dem Leser auch vor Augen, welche Konsequenzen diese Erkenntnisse für das menschliche Leben haben – von der Erziehung über die berufliche Kommunikation bis hin zur Frage von Krieg und Frieden.)

Groddeck, Norbert: *Carl Rogers. Wegbereiter der modernen Psychotherapie*, Darmstadt: Wissenschaftliche Buchgesellschaft, 2006

> (Anlässlich von Carl Rogers' 100. Geburtstags am 8. Januar 2002 erschien diese erste Gesamtbiografie, die sein herausragendes Lebenswerk beschreibt. Rogers setzte einen revolutionären Impuls für Denken und Handeln im zwischenmenschlichen Bereich. Seine These: Keiner weiß besser, was ihm gut tut und für ihn notwendig ist, als der Betroffene selbst.)

Weber, Wilfried: *Wege zum helfenden Gespräch. Gesprächspsychotherapie in der Praxis,* München: Reinhardt, 2006

> (Dieses Buch gehört zu den Klassikern im Bereich des helfenden Gesprächs unter besonderer Beachtung des personenzentrierten Ansatzes. Vertiefende Information anhand von kurzen Lernimpulsen und vielen praxisnahen Hinweisen und vielen praktischen Übungen.)

Über den Autor

Dr. päd. Christoph Röckelein (Jahrgang 1966, verheiratet) ist Begründer der Pedaktik® und hat damit zum ersten Mal die Didaktik der Persönlichkeitsbildung in die Führungskräfteentwicklung eingeführt. Er ist als Coach und Berater von Freiburg aus tätig. Sein Werdegang:

- Ausbildung als Koch und Konditor, Berufserfahrung in Gastronomie und Konditorhandwerk. Abitur auf dem zweiten Bildungsweg
- Geisteswissenschaftliches Studium (Praktische Theologie), Tätigkeit als Diplom-Religionspädagoge in Schuldienst, Seelsorge und kirchlicher Beratungs- und Bildungsarbeit
- Sozialwissenschaftliches Studium (Erziehungswissenschaft, Psychologie, Soziologie) mit Abschluss als Diplompädagoge, anschließend nebenberufliche Forschungsarbeit und Promotion im Bereich Didaktik für die Personal- und Organisationsentwicklung
- Mehrjährige Ausbildungen in personzentrierter Beratung und Coaching sowie in systemischer Supervision und Institutionsberatung.
- Unterschiedliche Fortbildungen in therapeutischen Handlungskonzepten der Humanistischen Psychologie
- Mitglied der Geschäftsführung von MAICONSULTING – Managementberatung & Akademie, Heidelberg
- Mehrjährige Erfahrungen als Berater und Coach in Wirtschaftsunternehmen

Leitmotiv seiner Arbeit: Unter welchen Rahmenbedingungen können einzelne Menschen einerseits und soziale Systeme wie Wirtschaftsunternehmen andererseits am besten lernen und sich weiterentwickeln?

Kontakt

info@roeckelein-coaching.de
Website: www.pedaktik.de

Frühere Veröffentlichung:
Konstruktivistische Personalentwicklung. Erwachsene sind unbelehrbar – aber lernfähig, Aachen: Shaker Verlag 2007